Die CEO-Bewerbung

Für Benedikt und Amelie

Der Wiesbadener Karriereberater **Dr. Jürgen Nebel** war Geschäftsführer eines Konzern-Tochterunternehmens und General Manager Germany eines globalen Dienstleistungsunternehmens und hat als Headhunter für eines der international führenden Executive-Search-Unternehmen gearbeitet. Er ist heute als Berater, Coach, Management-Trainer und Rechtsanwalt auf die Zielgruppe der oberen Führungskräfte spezialisiert.

Nane Nebel ist Marketingspezialistin und Karriereberaterin mit umfassender Praxiserfahrung als Inhouse-Consultant eines DAX-Konzerns und in verschiedenen operativen Führungsfunktionen direkt unterhalb des Vorstands oder für mittelständische Eigentümerunternehmer. Ihr Kommunikations- und Direktmarketing-Knowhow setzt sie heute als Coach und Berater für obere Führungskräfte ein.

www.nebelkarriereberatung.de

Jürgen Nebel
Nane Nebel

Die CEO-Bewerbung

Karrierebeschleunigung
ohne Netzwerk und Headhunter

Campus Verlag
Frankfurt/New York

MIX
Papier aus verantwortungsvollen Quellen
FSC® C008492
FSC
www.fsc.org

ISBN 978-3-593-39718-4

Umschlaggestaltung: Anne Strasser, Hamburg
Satz: Fotosatz L. Huhn, Linsengericht
Gesetzt aus der Scala und der Scala Sans
Druck und Bindung: Beltz Druckpartner, Hemsbach
Printed in Germany

Dieses Buch ist auch als E-Book erschienen.
www.campus.de

Inhaltsverzeichnis

Einleitung

Ihre Strategie ist falsch

Ganzseitige Anzeigen in der *Frankfurter Allgemeinen Zeitung* titelten schon vor Jahren: »Ihre Strategie ist falsch!« Etwas plakativ vielleicht, aber zutreffend. Dahinter verbarg sich die EKS – die Engpasskonzentrierte Strategie von Wolfgang Mewes, die später von den *FAZ*-Informationsdiensten publiziert wurde und heute vom Malik Management Zentrum St. Gallen fortentwickelt wird. Diese Strategie ist es unter anderem, auf der dieses Buch basiert – aber vor allem basiert es auf der Praxis! Denn dieses Buch ist ein reines Praxisbuch: entstanden aus bald zehnjähriger Beratung von CEOs, CFOs und all den anderen C-Level-Funktionsbezeichnungen, den General Managern, Heads of und Vice Presidents oder deren deutschsprachigen Pendants, den Vorständen, Geschäftsführern oder Geschäftsfeld- und Bereichsleitern, gleichviel, ob mit Gesamt- oder Funktionsverantwortung. Es ist also ein Buch aus der Praxis für die Praxis, geschrieben insbesondere aus den Erfahrungen eben jener Manager der ersten und zweiten Führungsebene. Ihnen allen sei hierfür herzlich gedankt, denn ausschließlich durch die Diskussionen mit all diesen Männern und Frauen, die in der Unternehmenshierarchie weit oben oder zuoberst stehen, konnten wir unsere Methode Jahr um Jahr verfeinern, sie viele Male jährlich den realen Marktreaktionen aussetzen und von ihnen bestätigen oder verbessern lassen.

Voraussetzung dafür, dass wir all diesen Praktikern als wirkungsvolle Sparringspartner und Berater dienen konnten, die wissen, wovon sie sprechen und aus eigener Erfahrung die Herausforderungen auf dieser Hierarchieebene kennen, war und ist freilich unsere persönliche Biografie. Ich, Jürgen Nebel, war jahrelang operativ tätig als General Manager Deutschland und gesamtverantwortlicher Geschäftsführer der Tochtergesellschaft eines US-amerikanischen Konzerns, als Practice Group Leader einer internationalen Executive-Search-Beratung sowie als selbstständiger Managementtrainer in und für Unternehmen unterschiedlicher Größen und Branchen. Zusätzlich prägten mich meine Stammhauslehre zum Industriekaufmann bei Siemens, meine juristischen Ausbildungen, die Zulassung zum Rechtsanwalt und insbesondere meine mich in fast all diesen Zeiten begleitende Vertriebsverantwortung!

Ich, Nane Nebel, war operativ und strategisch als Marketing- und Franchisemanagerin von Handelsunternehmen mit bis zu zehn Mitarbeitern und 80 Franchisepartnern direkt unterhalb des Vorstands verantwortlich. Hinzu kommen viele Jahre als Inhouse-Consultant eines DAX-Konzerns sowie als Unternehmens-, Kommunikations- und Marketingberaterin für Unternehmen unterschiedlichster Branchen, bei denen ich auch Start-ups, Neupositionierungen, Sanierungen, Unternehmensankäufe und -verkäufe inklusive Due Dilligence erfolgreich begleitet oder umgesetzt habe. Bei all diesen Aufgaben habe ich immer eng mit Vorständen, Geschäftsführern, Eigentümern und C-Level-Managern von Konzernen und mittelständischen Unternehmen zusammengearbeitet. Ich weiß also, wie Führungskräfte denken, handeln und entscheiden – aus eigener Erfahrung und aus der engen Zusammenarbeit.

Dieses Buch ist also kein Werk der Wissenschaft, aber geschrieben unter Berücksichtigung der einschlägigen Literatur. Zur relevanten Literatur gehört dabei aber gerade *nicht* die Flut der Bewerbungsratgeber: Denn viele wiederholen ohnehin nur sattsam Bekanntes, rezipieren lediglich fremdes Gedankengut, schon allein, weil erstaunlich viele Autoren, gar Bestsellerautoren, keinerlei Management- und erst recht keine Führungserfahrung haben, ja, niemals einen Betrieb von innen gesehen haben, also nie persönliche Erfahrungen in der Welt mittelständischer, internationaler oder globaler Unternehmen sammeln konnten. Zur relevanten Literatur gehören dagegen sowohl Werke aus der Hirnforschung, der forensischen Vernehmungspsychologie, der Werteforschung, der Unternehmensstrategie, aber auch unmittelbar erfolgsbezogene Werke aus der Werbung und besonders dem Direktmarketing. Ferner wurde Literatur aus Fachgebieten berücksichtigt, wo in Ermangelung eigener Forschung empirische Erkenntnisse dieser Wissenschaften auf die Karriereentwicklung des C-Level-Managements übertragen werden können.

Das Buch versteht sich als Strategiemanagementlehrbuch für C-Level-Karrieren – geschrieben sowohl für Manager, die diese Hierarchieebene bereits erreicht haben, als auch für diejenigen, die dorthin gelangen wollen. Auch wenn dies kein wissenschaftliches Buch ist, stellt es vielleicht eine Anregung für die Wissenschaft dar, hier weiter und vertieft zu forschen, wo der Praktiker nur induktive Schlussfolgerungen ziehen kann.

Der Verlag und wir sind überzeugt, dass dieses Buch eine Lücke schließt, denn es weicht in vielerlei Hinsicht ab vom Mainstream – durch Vermittlung neuer und vor allem wirksamer Methoden zur Verfolgung und zum Ausbau von C-Level-Karrieren. In unserer vieljährigen Beratungspraxis waren wir selbst häufig überrascht, wie oft sich außergewöhnliche Erfolge einstellten, trotz oder gerade weil sehr viele der in diesem Buch beschriebenen Methoden deutlich von der herrschenden Meinung der kaum überschaubaren Ratgeberliteratur abweichen oder ihr gar diametral gegenüberstehen.

Beispielhaft seien hier zwei der scheinbar unumstößlichen Behauptungen genannt: zum einen die allgegenwärtige Forderung, der Bewerber müsse sich »verkaufen«, zum anderen die Empfehlung, Bewerber sollten ihre Kompetenzen darstellen. Meist werden beide Behauptungen apodiktisch unter Verzicht auf jegliche Begründung vorgetragen, selten werden Argumente für diese Empfehlungen angeführt, und wie die Lemminge folgen Heerscharen von Bewerbern diesen Empfehlungen. Manch einer kennt oder erkennt zwar die Fragwürdigkeit, traut sich aber nicht, in so grundlegenden Fragen von der herrschenden Gepflogenheit abzuweichen.

CEO-TIPP Das Auflisten gleichförmiger Kompetenzkataloge wie »strategisch, analytisch, zupackend, führungs- und verhandlungsstark« in der schriftlichen Bewerbung ist in Wirklichkeit ermüdend, weil nichtssagend, das unreflektierte Befolgen der allgegenwärtigen Empfehlung, sich in der mündlichen Bewerbung »gut zu verkaufen«, ist dagegen sogar gefährlich.

Nach unserer und der Überzeugung unserer Klienten ist es nicht nur falsch, sondern nachgerade gefährlich, sich »zu verkaufen«. Denn hierunter ist meist eine einseitige Darstellung der eigenen Person im Vorstellungsgespräch gemeint, die ängstlich darauf bedacht ist, sich stets von seiner vermutet »besten Seite« zu zeigen. Gebetsmühlenartiges und offenkundig unreflektiertes Wiederholen dieser allenthalben gemachten Empfehlung macht die Behauptung nicht richtiger (vgl. hierzu S. 111). Eine weitere weitverbreitete Empfehlung, die der Kompetenzdarstellung, ist ebenso unsinnig. Viel Druckerschwärze wird aufgewandt für das vorgestanzt wirkende Kompetenzeinerlei: verhandlungsstark, durchsetzungsfähig, kommunikativ, begeisterungsfähig, führungsstark, strategisch, analytisch, pragmatisch und so weiter und so fort. Für Manager sind diese Eigenschaften ohnehin obligatorisch, zumindest wird einem erfolgreichen C-Level-Manager das kaum jemand absprechen! Sehr viele unserer Klienten sind froh, dass sie auf die Darstellung dieser nichtssagenden, weil inflationär gebrauchten Kompetenzfloskeln verzichten können – und mit dem Verzicht darauf sogar größere Wirkung erzielen als bislang.

Dennoch wird die Kompetenzdarstellung allenthalben gefordert und auch praktiziert. Sicherlich auch deshalb, weil von (internen und externen) Personalverantwortlichen in Stellenbeschreibungen und Stellenausschreibungen fast immer solche Kompetenzen gefordert werden. Die hier dargestellte Methode ist aber unter anderem deshalb wirksam, weil sie sich nicht an Headhunter und Personalchefs richtet, sondern an Vorstände und Aufsichtsräte.

Wir haben in all den Jahren zusammen mit den C-Level-Managern, die wir begleiteten, erkennen können, dass die Erfolgsdarstellung, die Performance also, wesentlich mehr über die Eignung und Fähigkeiten eines Managers aussagt als stereotyp wiederholte Kompetenzkataloge, die zudem naturgemäß selbst beigemessene Kompetenzen auflisten (vgl. S. 45).

Diese beiden zentralen und vielfach praktisch bewährten *abweichenden* Erkenntnisse destillierten wir zusammen mit etlichen anderen zu sieben Prinzipien. Sie sind nach unserer Erfahrung für den CEO-Bewerbungsprozess entscheidend, denn deren Umsetzung führt zu entscheidenden Vorteilen. Natürlich entlarven nicht alle Prinzipien die Fragwürdigkeit vielfach wiederholter Ratschläge – aber viele stehen im Gegensatz hierzu!

Eines der tragenden Prinzipien wirksamer C-Level-Bewerbungen ist das der Erfolgsdarstellung. Nachweislich melden sich auf die hundertfach gleichlautenden Initiativbewerbungen, die unsere Klienten verschicken, DAX-Vorstände bei ihnen – persönlich auf geprägtem Vorstandsbriefbogen, telefonisch oder vom persönlichen E-Mail-Account aus. Und hierbei werden immer wieder auch deutlich verantwortungsvollere Aufgaben angeboten. In keinem der hier dargestellten praktischen Beispiele haben wir mit den Managern ausgefeilte Videosessions, auswendig gelernte 90-Sekunden-Spots (mündliche Kurzdarstellung des Lebenslaufs), Einwandbehandlungstrainings oder gar Rollenspiele exerziert. Ebenso wenig waren Psychotests oder Kompetenztests erforderlich, und schon gar keine »Fotoshootings«. Wer dies alles machen möchte, warum nicht? Aber sich hierauf zu beschränken wäre unklug, denn er betriebe nur Oberflächenkosmetik, die die Wirksamkeit kaum erhöht, bisweilen sogar senkt. Einer unserer Vorstandsklienten berichtete uns, dass er für eine Direktorenfunktion mehrere Kandidaten interviewt hatte, die überwiegend erkennbar vorformulierte »Texte« vorgetragen hätten und offenbar durch die »Schule von Outplacement-Beratungen« gegangen seien.

Lassen Sie sich inspirieren von praktischen Fällen und konkreten, erfolgserprobten Ratschlägen, die zusammen eine Methode ergeben, die einen großen Teil des auf 80 Prozent geschätzten verdeckten Managementmarkts aufdeckt. Durch Umsetzung der hier beschriebenen Methode werden regelmäßig individuelle Erstgespräche – je nach Zielgruppengröße – bei meist zehn bis 20 Unternehmen erzielt. Sie können so schon rech-

CEO-TIPP Unsere Erfahrung hat uns gezeigt: Drei Kurzdokumente – eine »Executive Summary« Ihres Lebenslaufes, eine Darstellung Ihrer »Beiträge zum Geschäftserfolg« und ein kurzes, nicht besonders persönlich gestaltetes Anschreiben – sind Ihre Eintrittskarte zum Vorstellungsgespräch, wenn Sie die sieben Prinzipien berücksichtigen, die wir Ihnen in diesem Ratgeber vorstellen. Diese Prinzipien sind es auch, die Sie im darauffolgenden Bewerbungsverfahren weiterbringen!

nerisch Ihre Karriereoptionen etwa verfünffachen: So können *Sie* auswählen – und sich nicht von anderen auswählen lassen! Damit kehren Sie die psychologisch wichtige Relation um: Statt einiger weniger Gespräche in einem größeren Zeitraum, zu denen fast immer etliche weitere Kandidaten geladen werden, führen Sie eine Vielzahl von Gesprächen in vergleichsweise kurzer Zeit und sind meist der einzige oder nur einer von zwei oder drei Kandidaten.

Noch eine Anmerkung: Die in dem Buch enthaltenen Fallgeschichten entsprechen realen Managerkarrieren der von uns gecoachten Führungskräfte, die Namen und manche CV-spezifische Details wurden aber geändert.

Teil 1

Für CEOs gelten andere Bewerbungsregeln

Mit neuer Strategie zum Erfolg!

In diesem Kapitel zeigen wir Ihnen, welche immensen Erfolge Sie mit einer völlig veränderten Bewerbungsstrategie erreichen können. Unsere Beispiele aus der Praxis illustrieren, wie drei unserer Klienten ihrer bereits beachtlichen Karriere noch einmal Aufschwung oder gar eine völlig neue Richtung gegeben haben. Im ersten Beispiel wird die Frage geklärt, welche Karrierechancen man sich mit einer gezielten Initiativbewerbung eröffnen kann – wie kann man beispielsweise die Branche oder den Wirtschaftssektor wechseln? In einem weiteren Beispiel wird gezeigt, dass man auch nach einer längeren Phase ohne Berufstätigkeit (beispielsweise aufgrund von Sabbatical, Krankheit, familienbedingter Abwesenheit, fehlender Anschlussbeschäftigung) wieder ganz oben mitmischen kann. Und im letzten Beispiel sehen Sie, warum es darauf ankommt, die richtigen Entscheider anzusprechen – wer kein Profil wie aus dem Lehrbuch hat, fällt bei Personalern schnell durchs Raster. Mit der richtigen Methode aber erhalten selbst außergewöhnliche Karrieren neuen Schub.

Beispiel 1: Welche Karrierechancen sind noch drin?

Mark Sprenger, 47, hat immer alles gegeben: schulisch, sportlich, familiär und natürlich auch und gerade beruflich. Und er war belohnt worden. Mit Anfang 40 verdiente er bereits 300 000 Euro im Jahr, war Geschäftsführer Vertrieb, Marketing und Einkauf einer internationalen Handelsgruppe mit direkter Personalverantwortung für 2000 Mitarbeiter und einem Umsatz von 800 Millionen Euro. Freunde fragten sich oft, wie er das machte, denn seiner Familie mit vier Kindern widmete er mehr Zeit, als es Manager in vergleichbaren Positionen gewöhnlich tun, und auch der Sport – früher selbstredend Leistungssport mit zwei Vize-Landesmeistertiteln – forderte noch so viel Zeit, das bei all den Geschäftsreisen, die er unternahm, kaum fassbar war, wie er das alles managte. Sprenger war fraglos ein Manager mit besonderem Potenzial. Einem Potenzial, das selbst bei den Executive-Search-Beratern der ersten Liga immer wieder auf großes Interesse stieß – und nicht nur einmal zu der fast vorwurfsvollen Frage führte: »Wieso arbeitet ein Mann wie Sie denn im Handel?«

Ein Blick auf seine Vita gibt die Antwort: Schon an der Universität vertiefte er die Themen Handel, Banken und Versicherungen und ließ sich auch später von seinen Interessen und seiner großen Begeisterungsfähigkeit leiten. Auch wenn er beruflich weit höher aufgestiegen war als die meisten, besaß er keinen verbissenen Ehrgeiz, war auch menschlich geschätzt, ja beliebt, und entfaltete seine Fähigkeiten nicht nur unter Maximierungsgesichtspunkten. Drohte ihn all dies jetzt im letzten Abschnitt seiner Entwicklung zu bremsen? Denn mancher Aufsichtsrat und Chef angesehener Personalberatungen hatte ihm eine Vorstandskarriere prophezeit, Verantwortungsübernahme vorausgesehen für Milliardenumsätze börsennotierter Unternehmen.

Wie kam es, dass er trotz aller gelassenen Scharfsichtigkeit, die ihn kennzeichnete, nicht dort angelangt war? Heute weiß Sprenger, woran es lag: Er hatte wie die meisten hochbegabten Manager auf Leistung *und* Beziehung gesetzt – schon sein Universitätsprofessor hatte ihn an ein Vorstandsmitglied einer börsennotierten Versicherung weiterempfohlen. Ehrenwert, aber nicht systematisch, wie ihm heute klar ist. Denn kaum hatte er als Vorstandsassistent begonnen, wurde sein Chef zum Vorstandssprecher eines Konkurrenten berufen – und Sprenger verließ das Unternehmen in Jahresfrist. Gute, entwicklungsfähige und -bereite Manager finden überall wieder einen Einstieg auf hohem Niveau: Nach dem ersten, fast vertanen Berufsjahr startete er erneut, dieses Mal in der internen Unternehmensberatung eines globalen Handelskonzerns. Schnell erkannte der Vorstand seine Fähigkeiten, und nach mehreren, auch praktisch erfolgreichen Beratungsprojekten wurde ihm die Vertriebsverantwortung für ein Unternehmen mit niedrigem dreistelligem Millionenumsatz anvertraut. Auch dies meisterte er bravourös, sodass er den Handelskonzern verließ, um seinem Chef in einen anderen Handelskonzern zu folgen. Nach seiner operativen Verantwortung übernahm er dort erneut eine herausragende Funktion in der Unternehmensentwicklung, unter anderem begleitete er die Fusion zweier ehemals konkurrierender Handelskonzerne.

Nach zwei Jahren verließ er das Unternehmen, weil wieder sein Chef und Mentor, wie damals schon bei der Versicherung, das Unternehmen verließ. Dieses Mal entschloss Sprenger sich aber, sich freizuschwimmen, nicht seinem Chef und Mentor zu folgen – und das gelang ihm auch souverän: Er übernahm eine überaus aussichtsreiche Alleingeschäftsführung für ein Joint Venture zwischen einem großen Handelskonzern und einem nicht minder bedeutenden Verlagshaus. Das Start-up-Unternehmen sollte ein bahnbrechendes Konzept in der Internet-Goldgräberzeit Anfang des Jahrtausends verwirklichen. Pech für Sprenger war nur, dass schon nach dem Startjahr der eine Joint-Venture-Partner die Zusagen nicht einhielt und sich fluchtartig aus der Partnerschaft verabschiedete. Jahre später wurde das Konzept erfolgreich realisiert – von anderen Geschäftsführern mit anderen Kapitalgebern. Sprenger fehlte ganz offensichtlich Fortune, das, was schon Friedrich der Große von seinen Offizieren forderte.

Der Rest ist schnell erzählt: Nach einer letzten kurzen Station noch einmal bei einem seiner Mentoren, der jetzt wieder in einem anderen Handelskonzern den Vorstandsvorsitz übernommen hatte, schwamm er sich nun endgültig frei und übernahm bei zwei weiteren Unternehmen eine Geschäftsführung beziehungsweise eine Bereichsleitung – das erste war im Handel aktiv, das zweite in der Dienstleistung. Schon im ersten schwoll sein Jahressalär auf die verdienten 300 000 Euro an – Glück hat auf Dauer eben nur der Tüchtige, wie gleichfalls Friedrich der Große schon wusste, weshalb von Glück nicht eigentlich gesprochen werden kann. Denn so viel Pech konnte selbst Sprenger nicht haben, dass exzellente Leistung sich nicht durchsetzen würde. Aber die mehrfach prophezeite Karriere an der Spitze eines Milliardenunternehmens hatte sich nicht bewahrheitet, zu ungünstig waren die Wechselfälle des Lebens für Sprenger gewesen.

Während auch mittelmäßige Manager am Ende einer Seilschaft den Berg auf beachtliche Höhe hochgezogen wurden, wenigstens bis zur Mittelstation, gelegentlich sogar bis zur Bergstation, schaffte es Sprenger – immerhin aus eigener Kraft – nur an die Spitze eines vergleichsweise kleinen Bergs, weil er strategisch, wie sich heute zeigt, unsystematisch vorgegangen war. Letztlich deshalb, weil er es nicht besser wusste, als das zu tun, was allenthalben geraten wurde: sich einen Mentor suchen, von ihm fördern lassen und im Übrigen die weitere Karriere über professionelle Headhunter einfädeln. Diese »Strategie« wurde ihm nicht gerade zum Verhängnis, aber genutzt hat es ihm rein gar nichts – eher hat sie ihn in falscher Sicherheit gewiegt und seine Loyalität zu den beiden Mentoren strapaziert. Heute, wie gesagt, weiß er es besser. Und noch ist er jung genug, um sein exzellentes Potenzial entfalten zu können. Vorausgesetzt, er geht künftig strategisch bedachtsamer vor.

Sprenger begab sich daher in die strategische und nicht nur praktische Beratung mit ganz klaren Zielen, ja Vorgaben: Zum ersten Mal in seinem Berufsleben wollte er richtig wählen, seine Karriere nach *seinen* Vorstellungen fortentwickeln, und daher brauchte er viele Erstgespräche bei vielen Unternehmen – und das innerhalb eines vergleichsweise kurzen Zeitraums, um auch tatsächlich zwischen verschiedenen Alternativen wählen zu können. Und außerdem – so sehr er auch den Handel liebte, so schwer ertrug er ihn manchmal – wollte er herausfinden, ob nicht nur ein Branchenwechsel möglich wäre, sondern sogar ein Wechsel in andere Wirtschaftssektoren, beispielsweise in die Industrie, eine Bank, eine Versicherung oder in ein Dienstleistungs- oder Beratungsunternehmen. Und das zu Konditionen, die keine Einbußen gegenüber dem jetzigen Status mit sich brächten. Sprenger wollte es noch einmal wissen und zugleich herausfinden, was ihn wirklich interessierte für die nächsten 20 Jahre seines Berufslebens. Da traf er bei uns auf offene Ohren, denn wir haben schon oft erlebt, dass selbst erstklassige Manager keineswegs immer genau wissen, was sie beruflich als Nächstes wollen, oft nicht einmal, was sie als Endziel ihrer Karriereentwicklung anstreben. Wünsche und Hoffnungen, Befürchtungen und Ehrgeiz lassen sich eben nicht einfach vermessen und als klares Bild »ausdrucken«. Vieles ergibt sich eben erst, wenn man näher dran ist. Dann weiß man überhaupt erst, was einem alles offensteht oder eben auch nicht, und nur dann kann man sich entscheiden. Und genau dieses Entscheidungsspielfeld erarbeiteten wir zusammen.

In der Zusammenarbeit kristallisierten sich mehrere Zielgruppen heraus. Neben der offensichtlichen, dem Handel, natürlich auch die Beratungs- und Dienstleistungsunternehmen; mit seiner letzten Station war Sprenger immerhin ja auch schon einmal im Sektor Dienstleistung tätig gewesen, und Beratung war ihm vertraut aus der Anfangszeit der internen Unternehmensberatung. Dagegen fehlte ihm bezüglich Banken jedwede Erfahrung, und bei einer Versicherung war er nur zum Berufsstart für ein kurzes Jahr als Vorstandsassistent tätig gewesen, was nach 20 Jahren praktisch »verjährt« war.

Es war dann nicht nur erstaunlich, wie viele Unternehmen auf seine Bewerbungen reagierten, sondern insbesondere, aus welchen Branchen und Wirtschaftssektoren sie kamen – auf Vorstandsebene antworteten diesem reinen Handelsmann Banken und Versicherungen! Es zeigte sich einmal mehr, dass sorgfältig ausgearbeitete Unterlagen, die präzise und transparent darstellen, *was* der Manager bewegt hat, Branchen- und Wirtschaftssektorengrenzen überspringen lassen. Natürlich war dort die relative Resonanz geringer, aber Sprenger wurde auch von ihnen eingeladen. Mit der ersten operativen Ebene erörterte er dort, wie er seine besondere Verantwortungserfahrung und sein spezielles Wissen zum Wohle des Unternehmens einsetzen könnte. Nur wer die Wahl hat, hat keine Qual. Und bei 58 angebotenen Einladungen zu Erstgesprächen fiel die Wahl zwar nicht leicht, aber Sprenger hatte sein erstes Ziel, frei wählen und *zur selben Zeit* über Alternativen entscheiden zu können, mehr als erreicht.

Und auch sein zweites hochgestecktes Ziel, die Branchen- und Wirtschaftssektorengrenzen zu überwinden, hatte er erreicht. Erstaunlich war, dass seine Chancen in der Industrie sogar fast größer waren als im angestammten Sektor Handel. Möglich war die Prüfung attraktiver und vor allem realer Angebote nur durch die gewählte Vorgehensweise der Direktansprache von Entscheidungsträgern. Via Headhunter oder Anzeige wäre Sprenger bei Industrieunternehmen nie auch nur zu einem Gespräch gekommen – nach 20 Jahren Handelsverantwortung. Gleiches gilt ganz sicher auch für Banken und Versicherungen. Sprenger konnte in Ruhe auswählen und sich unter Strategie- wie auch Leidenschaftsaspekten für das genau für ihn Passende entscheiden. Er nutzte das selbst geschaffene Entscheidungsspielfeld für sich und traf autonom und souverän die Wahl, von der er ausgehen konnte, dass sie ein Maximum der selbst gesetzten Kriterien erfüllte.

Beispiel 2: Nach längerer Pause zum CSO

Rolf Peters fing nach seinem Abitur vor 27 Jahren als Stammhauslehrling bei einem deutschen Chemiekonzern an und arbeitete sich beständig, fleißig und loyal bis hinauf zum Director Sales International. Mit 47 Lebensjahren und nach einer wechselvollen Geschichte seines Konzerns (beispielsweise einem weltweiten Merger mit einem Konkurrenten, nach diversen Abspaltungen und allein vier Restrukturierungswellen in nur zwei Jahren) fand er sich schließlich einem dritten Vorgesetzten innerhalb von drei Jahren unterstellt. Dieses Mal war es ein promovierter Chemiker, jünger an Jahren, reicher an Ehrgeiz, unbeirrbar in seinen Überzeugungen. Von Peters, der neben seinem Direktorenposten einer der weltweit verantwortlichen Key-Account-Manager des Geschäftsbereichs mit gut 100 000 Euro Jahreseinkommen war, verlangte er nun, er möge doch bitte künftig bei seinen Kundenbesuchen und Verkaufsgesprächen das wohldurchdachte, wenn auch noch nicht bewährte Tisch-Flipchart einsetzen. Dies war beileibe nicht die einzige Wohltat, die der Vorgesetzte seinen Mitarbeitern zuteilwerden ließ.

Kurzum: Dem gleichermaßen empathischen wie sensiblen, gestandenen Spitzenverkäufer platzte der Kragen, private Sorgen mögen ein Übriges beigetragen haben. Er schmiss alles hin, überhörte die Stimmen vieler Kollegen und ehemaliger Chefs, er möge durchhalten – und geriet voll in die Finanzkrise des Jahres 2009. Nach der Freistellungszeit war er ein Jahr arbeitslos und damit die Abfindung schnell aufgebraucht. Weitere dreieinhalb Monate später, nachdem er seine Bewerbungsstrategie völlig neu entwickelt und umgesetzt hatte, unterzeichnete Peters einen Arbeitsvertrag bei einem mittelständischen Unternehmen, der nach der sechsmonatigen Probezeit Einzelprokura, nach weiteren sechs Monaten die Berufung zum Geschäftsführer Vertrieb und Chief Sales Officer festschrieb. Die Jahresbezüge beliefen sich nun auf runde 150 000 Euro. Peters hatte nicht allzu viel Auswahl, aber er hatte sie. Er nutzte hierzu weder Headhunter noch verschaffte er sich über sein Empfehlungsnetzwerk die immerhin sechs Erstgespräche bei unterschiedlichen Unternehmen – sondern er sprach die Unternehmen ausschließlich direkt und initiativ an.

Wenn er heute an seinen früheren Chef denkt, überwiegt die Nachsicht; dankbar ist er ihm noch immer nicht. Es war ein schwerer Weg, zu dessen gutem Ende ihm allein die in diesem Buch beschriebene Erfolgsmethode verhalf. Ganz nebenbei ist er sich bis heute seiner Stärken und Erfolge bewusster als in all den Jahren zuvor. Dies vor allem hält ihn auch heute noch sicher auf Kurs. Denn durch diesen Paradigmenwechsel konnte er sich aus seiner sehr bedrängenden Situation herausarbeiten. Viele geschasste Manager, wenn sie nicht gar in eine Art Schockstarre verfallen, reduzieren ihre Wahrnehmung meist eindimensional auf einen Tunnelblick und wenden hin und her, warum ihnen das passiert ist, wie ungerecht es ist oder wie es zu vermeiden gewesen wäre. Nach einiger Zeit besinnen sich viele dann auf ihre Kompetenzen. Diese sind aber nur bedingt greifbar, kaum für einen neuen Job umsetzbar. Peters konzentrierte sich konsequent auf seine zahllosen Erfolge und zog sich so am eigenen Schopf aus dem Sumpf der gefühlten Niederlage.

Beispiel 3: Kein Profil wie aus dem Lehrbuch

Der Deutschfranzose Reinhold Hohenhagen, 42, startete seine Bilderbuchkarriere bescheiden als Lehrling bei einem deutschen Automobilkonzern, setzte dann aber gezielt zwei wirtschaftswissenschaftliche Studienabschlüsse bei deutschlandweit beziehungsweise weltweit renommierten Hochschulen respektive einer Grande École obenauf; den zweiten berufsbegleitend neben seiner herausragenden praktischen Managementtätigkeit. Eine DAX-Vorstandsreferententätigkeit zierte fortan seinen CV ebenso wie eine äußerst erfolgreiche Beratungstätigkeit in einer angesehenen Beteiligungsgesellschaft und eine Bereichsleiterverantwortung Finanzen beziehungsweise Vertrieb bei einem Mittelstandsunternehmen. Abgesehen von dem ungereimt erscheinenden Funktionsspagat Vertrieb *und* Finanzen hatten sich Hohenhagens Karrierechancen durch seine letzte Verantwortung reduziert: Er hatte sich als Head of Corporate Finance eines mittelstandsgeprägten Konzerns mit Milliardenumsätzen in eine Sackgasse manövriert, denn die schon bei Vertragsunterzeichnung zugesagte Geschäftsführerposition einer Konzerngesellschaft war ihm infolge der Finanzkrise nie angeboten worden.

Aus diesem und zahlreichen anderen Praxisfällen leitet sich der Grundsatz ab: Verlassen Sie sich nie auf vertraglich nicht festgeschriebene »nächste Entwicklungsschritte«, die nur gesprächsweise erwähnt oder sogar zugesichert wurden. Solche Positionen sollten Sie nicht annehmen, wenn Ihnen der nächste Schritt wichtig ist. Verlass ist natürlich auch auf arbeitsvertraglich zugesicherte Klauseln nicht, aber immerhin binden sie meist moralisch und damit bisweilen tatsächlich. Wer also sichergehen will, verlässt sich nicht darauf, sondern tritt nur an, wenn die Startposition bereits den gewünschten Umfang hat.

Hohenhagen erfuhr trotz seiner Exzellenz doch eine spürbare Zurückhaltung bei den wenigen (internen und externen) Personalverantwortlichen, mit denen er Gespräche führte. Schon sein CV passte nicht auf die Stellenbeschreibungen und Stellenausschreibungen, denn sein Funktionsspagat erschien aus Personalersicht ungereimt. Ganz anders die Reaktion der operativ Verantwortlichen, wie sich später herausstellen sollte. Denn die hier dargestellte Methode ist unter anderem deshalb so wirksam, weil sie sich nicht an Headhunter und Personalchefs richtet, sondern an Vorstände und Aufsichtsräte. Diese verstanden auch besser, dass man Hohenhagen nach getaner erfolgreicher Umstrukturierung durch einen preiswerteren Manager ersetzt hatte, und sahen darin auch keinen Karriereknick, sondern zutreffend die unternehmerische Optimierung des früheren Vorstands: Schließlich konnte das laufende Geschäft auch eine weniger erfahrenere Führungskraft besorgen. Hohenhagen selbst hatte man, statt ihm die versprochene Geschäftsführerposition zu geben, auf seinen Wunsch hin in einer Projektleiteraufgabe geparkt, damit er sich außerhalb des Konzerns neu orientieren konnte.

Hohenhagen lief nun die Zeit davon. In seinem Alter hatten andere mit weit geringerer Qualifikation bereits erfolgreich die zweite Geschäftsführung gemeistert. Er wollte nicht länger von Wohl und Wehe der Konzernlenker, den Schwankungen der Weltwirtschaft oder auch nur individuell behindernden Branchenflauten abhängig sein. Auch er entschied sich für die systematische Auslotung seiner Chancen. Er wollte möglichst nichts mehr dem Zufall überlassen, in seiner Karriere unabhängig werden von der Gunst des Augenblicks, den natürlichen Begrenzungen jeglicher Beziehungsnetzwerke oder den positiven oder eben negativen Launen der Managerauswahl von Personalvorständen oder Executive-Search-Beratern.

Hohenhagen, der als Vertriebs- und Finanzchef gleichermaßen beschlagen war im systematischen Zahlen- wie im strategischen Zielgruppendenken, begriff die in diesem Strategielehrbuch beschriebene Systematik sofort und setzte sie vorbildlich für sich um. Was zuvor die CV-Leser verwirrte, also seine breite Funktionserfahrung, münzte er durch das gezielte Ansprechen der von ihm präferierten Zielgruppen zu seinem Vorteil um. Das Ergebnis gab ihm Recht: Erstgespräche mit zig potenziellen Arbeitgebern, vom DAX-Konzern über eigentümergeführte Mittelstandsunternehmen und Beteiligungsgesellschaften bis hin zum Family Office mit Milliardenvermögen. Tatsächlich meldeten sich 63 Unternehmen direkt beziehungsweise über die zusätzlich angeschriebenen Executive-Search-Beratungsgesellschaften mit Gesprächsangeboten bei ihm.

Hohenhagen destillierte und priorisierte hieraus systematisch die vielversprechendsten für die Erstgespräche. *Jetzt* war Hohenhagen am Zug. Und entschied völlig frei und souverän, verpflichtet allein seinen persönlichen Vorlieben, Wünschen, Zielen und langfristigen strategischen Überlegungen. Seine finale CFO-Position mit mehrjähriger fester Geschäftsführerberufung konnte er unter mehreren auswählen und sich nebenbei rund 100 000 Euro zusätzliche Jahresvergütung sichern.

Ausgangsbasis und methodische Grundlagen dieser Bewerbungserfolge

Nur etwa 20 Prozent aller Managementvakanzen werden offen ausgeschrieben. Dies ist selbstredend eine »Dunkelziffer«, die kaum empirisch überprüfbar ist, weshalb verlässliche Zahlen wohl nicht vorliegen. Mehrere der nach Quantität führenden Outplacement-Beratungen in Deutschland nennen dieses Verhältnis. Sie greifen zweifellos auf eine signifikante Datenbasis für Führungskräfte zu und ermitteln, auf welchem Weg die beratenen Führungskräfte eine neue Aufgabe gefunden haben. In der Literatur werden auch günstigere Verhältnisse genannt – jedoch beziehen sich diese nicht explizit auf das C-Level. Das Verhältnis ist nach unserer Einschätzung für C-Level-Positionen vermutlich noch

CEO-TIPP Höchstens 20 Prozent aller C-Level-Positionen werden überhaupt offen ausgeschrieben. Über 80 Prozent sind damit für die meisten Manager de facto nicht erreichbar und quasi für ihre Karriereentwicklung nicht existent.

ungünstiger: Deutlich weniger als 20 Prozent aller Vakanzen werden offen ausgeschrieben.

Karriereoptionen verfünffachen

Die meisten C-Level-Führungskräfte und diejenigen, die dies werden wollen, berücksichtigen zwangsläufig nur diese ausgeschriebenen 20 Prozent aller Stellen bei ihrer Karriereentwicklung, weil sie nicht wissen, wie sie die verdeckten Vakanzen identifizieren können. Allenfalls stochern sie noch in ihrem Kontaktnetz nach weiteren Karrierechancen herum. Oder kontaktieren mehr oder weniger selbstbewusst bis verschämt den einen oder anderen Headhunter. Damit verhält sich der C-Level-Manager nicht anders als der Durchschnittsmanager: Er lässt rund 80 Prozent aller offenen Managementpositionen unberücksichtigt, denn der weitaus größere »verdeckte« Stellenmarkt – und damit die meisten Karriereoptionen – bleibt für diese Führungskräfte *intransparent* und damit unerreichbar.

Bewährte, aber weithin ungenutzte beziehungsweise unbekannte Methoden bringen Licht in genau diese Intransparenz. Logisch, dass aufgrund der verbreiteten Unkenntnis entscheidender Erfolgsmethoden, wie die Transparenz über Vakanzen deutlich erhöht werden kann, häufig die Glücklicheren, manchmal die Clevereren und nur hin und wieder die Geeigneteren beim Erklimmen der nächsten Karrierestufe gewinnen.

Sorgen Sie also für Transparenz: eine hochindividuelle Transparenz bezüglich *Ihrer* Optionen zum Zeitpunkt X. Denn all die eingangs beschriebenen Erfolgsfälle verfügten durch Aufdecken des sogenannten verdeckten Stellenmarktes über circa fünfmal so viele Erstgespräche bei für sie relevanten Vakanzen. So sorgen Sie dafür, dass vermehrt Eignung und Leistung über die Berufung in wichtige Positionen entscheiden und nicht der Zufall oder das Kontaktnetz. Ein begrüßenswerter Nebeneffekt ist, dass auch volkswirtschaftlich Nutzen gestiftet wird, denn wichtige Positionen werden so eher mit den geeigneten Führungspersönlichkeiten besetzt – die Bewerber suchen sich so diejenigen Positionen aus, in denen sie ihr Potenzial noch besser entfalten können als bisher, in denen sie im Zentrum ihrer Fähigkeiten agieren können.

Rein rechnerisch – und auch tatsächlich, wie unsere praktische Erfahrung zeigt – verfünffachen Sie in etwa Ihre individuellen Auswahloptionen, wenn es Ihnen gelingt, den für Sie relevanten Teil offener Stellen transparent zu machen und systematisch für sich zu erschließen. Die Gretchenfrage lautet also: Wie erschließen Sie sich diese fünffache Menge an Jobangeboten, also an Karrierechancen? Wie decken Sie den auf 80 Prozent Marktanteil geschätzten »verdeckten Stellenmarkt« auf?

CEO-TIPP Sie können Ihre Karriereoptionen verfünffachen: durch Aufdecken des »verdeckten Stellenmarktes«.

Mythos Kontaktnetz

Um den verdeckten Stellenmarkt offenzulegen, so wird gesagt, müsse man sein Kontaktnetz aktivieren. Denn nur die Verantwortlichen in den Unternehmen wissen, wo Vakanzen bestehen oder demnächst entstehen werden. Wohl dem, der in den letzten Jahren die Zeit gefunden hat, dieses Kontaktnetz zu pflegen, sind doch die tretmühlenartigen Belastungen in verantwortungsvollen Managementpositionen sprichwörtlich.

Aus zwei Gründen gerät die Jobsuche über das sogenannte Kontaktnetz jedoch immer seltener zum großen Befreiungsschlag. Da die allermeisten C-Level-Manager sich bis heute auf die 20 Prozent offen ausgeschriebenen Stellen konzentrieren, ansonsten nur die eher zufälligen Kontakte über Headhunter und Beziehungsnetzwerk nutzen, ist der Anteil an Offerten über das Beziehungsnetzwerk natürlich noch relativ gesehen beachtlich. Ermittelt man systematisch mit der hier dargestellten Methodik seinen individuellen Markt, steigt die Gesamtmenge an Erstgesprächen sehr stark an und verringern sich dementsprechend relativ diejenigen Erstge-

CEO-TIPP Das Beziehungs- und Kontaktnetz als Weg zum C-Level-Job wird vielfach überschätzt – zumal in Zeiten zunehmend schärferer Compliance-Vorschriften.

spräche und Optionen, die über das Kontaktnetzwerk zustande kommen. Vor allem führt das Beziehungsnetzwerk wegen der wenigen Erstgespräche kaum zu einem Vertragsangebot, das *wirklich* rundum zufriedenstellt, geschweige denn zu mehreren ernsthaften Optionen.

Zum einen sind die Rekrutierungsprozesse – gerade bei Managementpositionen aufgrund zunehmend verschärfter internationaler Compliance-Regeln – derart sensibel geworden, dass das Beziehungsnetzwerk immer seltener greift. Ein allenthalben verschärfter Wettbewerbsdruck macht die Erlangung von Jobs über das Beziehungsmanagement zusätzlich unwahrscheinlicher, da sich Unternehmen die Besetzung von Vakanzen mit weniger als dem optimal passenden Kandidaten immer weniger leisten können. Der angesprochene »Kontakt« darf also höchstens noch Vakanzen *benennen*, manchmal nicht einmal das, weil nur unternehmensintern ausgeschrieben wird und zunächst gesucht werden darf. Mit darüberhinausgehender Unterstützung, gar »Beziehungsvorteilen« ist immer seltener zu rechnen.

Abgesehen von diesen Schwierigkeiten ist die Erlangung einer Verantwortung aufgrund »von Beziehungen« auch nicht das, was dem Prinzip Augenhöhe gerecht werden würde. Und ein Geschenk ist es zudem auch nicht, denn früher oder später wird man an anderer Stelle dafür bezahlen. Und zum zweiten: Selbst wenn Sie Ihre Zeit auch auf die »Kontaktnetzpflege« verwenden konnten – jedermanns Kontaktnetz ist höchst endlich, niemals erfasst es eine relevante, für Sie beachtliche Zielgruppe vollständig.

Direktansprache ist entscheidend

Die nachweislich einzige systematische Methode ist das Anschreiben der Entscheider *in* den Unternehmen, denn es ist schon richtig, dass nur die Unternehmensverantwortlichen wissen können, welche Führungspositionen in absehbarer Zeit zu besetzen sind. Um diese zu erreichen, sind eben exzellente und kurze Unterlagen unabdingbar. Unseren Klienten haben sehr viele Aufsichtsratsmitglieder und Vorstände persönlich geantwortet, darunter etliche DAX-Vorstände, ohne dass diese den Bewerber zuvor auch nur gekannt hätten. Und die allermeisten Initiativbewerber haben sich mit ihrem persönlichen Briefbogen direkt an die Topmanager gewandt, nur wenige haben den Weg über eine anonymisierte Treuhandbewerbung gewählt.

Markttransparenz können Sie also *nur* durch Direktansprache derjenigen Unternehmen schaffen, die aufgrund Branche, Größe, Standort et cetera für Sie in Betracht kommen. Dabei ist es unerlässlich, *in* den Unternehmen die Entscheider anzusprechen. Nur bei diesen können Sie sicher sein, dass sie wissen, was ansteht, was möglich ist, was operativ erreicht werden soll. Die Personalverantwortlichen hingegen wissen das nur manchmal. Die Aufsichtsräte, Vorstände und Geschäftsführer wissen es immer, haben aber keine Zeit und kein Interesse, ellenlange CVs oder nichtssagende Kurzprofile nach Art »durchsetzungs- und motivationsstark, strategisch und analytisch« durchzulesen. Und ohnehin meist selbst verfasste Zeugnisse lesen sie schon gar nicht durch. Klassische Initiativbewerbungen funktionieren also nicht. Von »sozialen Netzwerken« wie XING, LinkedIn und anderen ganz zu schweigen. Zwar wird vielfach propagiert, mit Social Media würden Karrieren beschleunigt, man baue quasi einen Sog auf, werde gefunden und angesprochen. Aber bestimmt nicht von Aufsichtsräten und Vorständen. Die surfen sicherlich nicht im Internet auf der Suche nach geeigneten C-Level-Managern. Selbst Headhunter spricht man besser direkt an und wartet nicht darauf, dass sie einen via Internet als »ansprechbaren« Manager herausfiltern.

CEO-TIPP Entscheider denken in Erfolgen, Personalverantwortliche in Job-Description- und Zeugniskategorien. Seine Wirksamkeit erhöht deutlich, wer stets diese Paradigmenunterschiede sowohl bei der mündlichen als auch der schriftlichen Präsentation vor Augen hat.

Wie also können Sie es dann schaffen, dass die Entscheider über Karrierechancen und Positionen Sie überhaupt zur Kenntnis nehmen? Und dann auch noch so großes Interesse entwickeln, Sie persönlich kennen lernen zu wollen? Sicher nicht durch Anschreiben und Unterlagen mit anzeigentypischen Phrasen und Floskeln, Sie seien »führungsstark und analytisch-strategisch«. Um bei den Entscheidern Aufmerksamkeit zu erregen, müssen Sie mit Ihren Erfolgen glänzen und nicht mit Gemeinplätzen. Also mit Ihren bisher erzielten Leistungen und Beiträgen zum Unternehmenserfolg.

Dabei reicht es aber *nicht*, mit Job-Description-typischen Standardformulierungen – wie etwa, der Bewerber habe »Marketingstrategien entwickelt und umgesetzt« – aufzuwarten. *Das* ist kein Erfolg. Zu häufig waren die Bemühungen agiler und hochbezahlter Manager bestenfalls kostspielig, schlimmstenfalls sogar schädlich, etwa weil die »alte« Marketingstrategie im Nachhinein erfolgreicher war. Erwarten Sie nicht, dass solche personaler-, zeugnis- und Job-Description-geprägten Formulierungen und Inhalte bei Entscheidern funktionieren. Sie müssen mit Ihrer Performancedarstellung, Ihren Erfolgen und Ergebnissen, nicht mit Ihrem bloßen Tätigsein zur Reaktion reizen. Denken Sie immer daran: Sie werden schließlich nicht für Ihr Bemühen bezahlt und befördert, sondern für Ihre Erfolge.

Teil 2

Die sieben Prinzipien der CEO-Bewerbung

Prinzip 1

Souveränität, Autonomie, Wahlfreiheit

»Nur wer die Wahl hat, hat keine Qual.«

Sprichwort-Abwandlung

Idealerweise lautet die Devise: Selbst auswählen – nicht ausgewählt werden! Das gelingt Ihnen jedoch nur, wenn Sie Karrierefalle Nummer eins vermeiden, nämlich den Glaubenssatz: »Gute Manager lassen sich ansprechen!«

Frage: Wie sind Sie in Ihre jetzige Position gekommen? Und in die davor? Und davor? Wie haben Sie Ihre erste Anstellung nach Lehre und/oder Studium erlangt?

Die meisten CEOs, CFOs, COOs, CIOs, CHROs, CMOs, CROs, CSOs – und was es an C-Level-Positionsbezeichnungen noch so geben mag (allein für CSO gibt es mindestens sechs Bedeutungen: Chief Sales Officer, Chief Strategy/Strategic Officer, Chief Security Officer, Chief Service Officer, Chief Social Resonsibility Officer und Chief Sustainability Officer) –, überhaupt viele der Führungskräfte, die heute zwischen 100 000 und 200 000 Euro im Jahr verdienen, haben sich wenig bis gar nicht um ihre jeweils nächste Position bemüht. Warum auch? Sie wurden einfach angesprochen – von Headhuntern, ehemaligen Chefs, früheren Kollegen ... Gelegentlich haben sie sich auch einmal aus ungekündigter Position mit Sperrvermerk auf eine Ausschreibung in Print- oder Onlinemedien beworben. Diese haben sie eher zufällig entdeckt, weil sie doch einmal schauten, was so am Markt angeboten wird. Oder sie wurden empfohlen – einige schon von ihrem Professor –, sodass sie nicht einmal für die Erstanstellung Initiative ergreifen mussten. Das tut dem Ego gut! Man ist zudem in der besseren Position: *Andere* bemühen sich um einen, wollen Termine, machen Angebote.

Darauf sind die meisten stolz. Fatal ist es jedoch, wenn sie daraus schließen, dass »gute Manager« es nicht nötig haben, sich aktiv um Angebote zu bemühen. Sie glauben dann, das müssen nur solche, die weniger gut sind, denn die werden ja nicht oder nur selten gefragt.

Wie von selbst drängt sich der folgenschwere, weil *falsche* Umkehrschluss auf: Wer aktiv wird, auf den Markt zugeht, ist nicht gut. Dieser Trugschluss schnürt den Großteil potenzieller Karrierechancen ab! Denn die Minimierung auf passives »Sich-ansprechen-Lassen« – oft ergänzt um das verschämte »Im-Beziehungsnetzwerk-Schlendern« – ist eine gängige freiwillige Selbstbeschränkung, die ganz sicher nicht zum vollen Ausschöpfen der Möglichkeiten führt.

CEO-TIPP Karrierefalle Nummer eins dürfte der Glaubenssatz sein: »Gute Manager werden angesprochen – sie sprechen nicht selbst an!« »In Schönheit sterben« muss nicht gleich die unerwünschte Folge solch vornehmer Zurückhaltung sein. Aber ganz sicher bezahlen Manager solche bisweilen dünkelhafte Reserviertheit mit deutlich weniger Karriereoptionen, als sie ihren kontaktfreudigeren Konkurrenten geboten werden.

Und dennoch meinen diese »guten Manager«, das Heft in der Hand zu halten. Doch sind sie wirklich Herr des Verfahrens? Natürlich nicht! Denn sie *werden* angesprochen und ausgewählt, sie wählen nicht selbst aus. Zwar meinen diese »gefragten Manager« sogar, den Überblick über ihre Marktattraktivität zu haben. Denn sie führen häufig Strichlisten, wie oft sie im Jahr von Headhuntern angerufen wurden, haben sogar noch eine Extrarubrik in ihrem »Karriereordner«, von welchen Vakanzen sie über ihr Kontaktnetz gehört haben, die sie mit gewisser Wahrscheinlichkeit auch bekommen könnten. Aber auch damit sind sie noch nicht Herr des Verfahrens, geschweige denn haben sie annähernde Transparenz oder auch nur einen ungefähren Eindruck von ihren Marktchancen, also konkreten Optionen zu einem konkreten Zeitpunkt X. Denn Headhunter-Anrufe sind ebenso zufällig wie die »Vakanzentransparenz« allein aufgrund verstreuter Kontakte. Mit Strategie und Systematik hat all dies nichts zu tun!

Erstaunlich genug: Dieselben Manager, die sonst zu Recht immer darauf erpicht sind, im Unternehmensalltag das Heft des Handelns in der Hand zu halten, die Dinge nach *ihren* Zielen und Vorstellungen durchzusetzen, sie lassen sich auf einmal – noch dazu in eigenen Angelegenheiten – fremdbestimmen, sie *lassen* sich ansprechen. Diese erfolgsverwöhnten Manager *verlassen* die Deckung nur, wenn sie plötzlich suchen müssen, beispielsweise weil ein Merger sie aus »ihrem« Unternehmen gefegt hat oder sie mit dem neuen Chef nicht klarkommen. Und dann begeben sie sich meist zum ersten Mal in ihrem Berufsleben auf »Bewerberniveau« hinab. Sie melden sich mit ihren Lebensläufen und Zeugnissen auf eine Stellenausschreibung für C-Level-Manager oder Führungskräfte, hoffend, dass sie schon auf das A-Häufchen gelangen und zum Gespräch »geladen« werden. Dann aber werden diese Manager, die zu *handeln* gewohnt sind, *behandelt* und Auswahlverfahren unterworfen, Auswahlprozedere, deren Spielregeln sie nicht kennen. Denn sie wissen nicht, wer nach welchen Kriterien auswählt, wann die erste und jeweils die nächste Gesprächsrunde ansteht, wer hieran teilnehmen wird und warum oder welche Hidden Agendas es überhaupt gibt.

CEO-TIPP Passives Erdulden von fremdbestimmten Bewerbungsverfahren sollte erfolgsverwöhnten Managern eigentlich fremd und sogar zuwider sein – ist es aber meist nicht. Das Erdulden zu vermeiden und die »Machtverhältnisse« elegant wieder auszubalancieren ist alleine eine Frage der Strategie.

Dasselbe gilt natürlich auch, wenn sich die Manager unter Verweis auf frühere Kontakte, »auf Empfehlung« bewerben oder schnörkellos direkt, also aktiv bei Headhuntern und Executive-Search-Beratern melden. Auch dort halten *andere* das Heft in der Hand und bestimmen die Spielregeln, nach denen gespielt wird. Manchmal sind es die Headhunter, selten die Personalverantwortlichen, die in Anzeigen genannt werden. Meist sind die wirklichen Entscheider zunächst im Hintergrund und damit dem Bewerber unbekannt. Festzuhalten ist: Die jobsuchenden Manager jedenfalls sind es nicht, die die Spielregeln bestimmen!

Um es klar zu sagen: Wir sind nicht gegen Kontaktnetze und Stellenanzeigenbewerbung. Aber es darf sich darin nicht erschöpfen. Die Erfolgsaussichten erhöhen sich auch bei diesen »Standardwegen« mit den richtigen Unterlagen enorm.

Mehr Souveränität durch bessere Auswahl

Fehlende Gleichzeitigkeit ist ein weiteres Dilemma: Wenn Manager ein einigermaßen ansprechendes Jobangebot erhalten, nehmen viele aus Angst diese erste sichere Option, weil gleichzeitig keine weitere besteht. Sie können nicht wissen, ob und wann gegebenenfalls eine zweite, gar eine dritte kommen wird. Menschlich verständlich – unter Karrieregesichtspunkten ungünstig! Denn mit souveräner Auswahl hat dies nichts zu tun.

CEO-TIPP Souveräne Karrieregestaltung setzt voraus, dass der C-Level-Manager gleichzeitig mehrere Optionen vorliegen hat. Das gelingt mit herkömmlichen Karrieremethoden selten und wenn, geht es über zwei Alternativen, die sich zur selben Zeit eröffnen, fast nie hinaus.

Warum muten sich C-Level-Manager das zu? Warum lassen gestandene Führungskräfte zu, dass sie nicht mehr auf Augenhöhe agieren? Vom Agieren aus überlegener Position, von der aus sie bislang auf ihrer Hierarchieebene handelten, ganz zu schweigen. Die dickfelligeren, weniger strategisch vorgehenden Manager unter den Führungskräften mögen das fremdbestimmte Prozedere noch selbstsicher lächelnd wegstecken.

Für alle aber gilt: Sie haben zum Zeitpunkt X gar keine oder meist nur *eine* echte und belastbare Alternative. Die lediglich vorgeschützten weiteren »Optionen« sind hier nicht gemeint, also diejenigen, die zu Zwecken des besseren Taktierens nur den Anschein der Souveränität vermitteln sollen, damit man in der Verhandlung nicht den Eindruck der Alternativlosigkeit erweckt – mit all den sich unmittelbar hieraus ergebenden Nachteilen der schwächeren Verhandlungsposition. Beispielsweise akzeptieren manche C-Level-Manager Vertragsangebote, die lediglich in Aussicht stellen, auf der gewünschten Hierarchieebene zu arbeiten. Sie enthalten dann unbestimmte Klauseln wie »erst nach einer Zeit der Einarbeitung« oder »so-

CEO-TIPP Die nächste Hierarchieebene sollte am ersten Tag im neuen Unternehmen eingenommen werden – nicht erst aufgrund mündlicher Versprechungen oder vertraglicher Absichtserklärungen sechs oder zwölf Monate nach dem Start. Die Souveränität, sich nicht auf solche »Spielchen« einzulassen, kommt nur mit realen Jobalternativen.

bald unternehmensintern die entsprechenden Voraussetzungen geschaffen sind«. Zunächst wäre ihre Verantwortung also kleiner als angestrebt oder sogar geringer als bisher. So etwas akzeptiert man nur, wenn man keine andere Wahl hat. Erfahrungsgemäß kündigt der Arbeitgeber dies zwar an, schreibt es bisweilen sogar – rechtlich unverbindlich – in den Vertrag, doch viele werden den nächsten »versprochenen« Schritt nicht machen, weil der Vorgesetzte oder der Eigentümer wechselt, die Konjunktur sich verschlechtert oder was auch immer so an Risiken auf dem Weg lauert. Kurzum, nur wer die Wahl hat, ist in der Position, sich besser nicht auf derartige Versprechungen einzulassen. Wer souverän auftreten kann, wer die Wahlfreiheit hat, kann mit seiner Performance auf den Markt gehen und aus Optionen wählen, die ohne Versprechungen auskommen.

Noch einmal: Warum also muten sich Manager dieses Prozedere und die damit verbundenen Risiken zu? Warum lassen sie sich auf alternativlose oder alternativarme Verhandlungspositionen, schlimmer noch entsprechende Lebenssituationen ein? Bislang erfolgsverwöhnte C-Level- Manager und andere Chefs der ersten Führungsebene lassen dies aus einem einfachen Grund zu: Sie wissen keinen Weg, sich in kurzer, überschaubarer Zeit mehrere verhandelbare Alternativen zu *verschaffen*. Wenn diese Führungskräfte, aus welchen Gründen auch immer, zügig eine neue Aufgabe übernehmen wollen, haben sie kein Jobangebot oder nur ein sehr beschränktes. Die erwähnten Strichlisten der Headhunter-Anrufe und die Vakanzen bei der Konkurrenz oder in anderen Branchen, von denen sie immer wieder mal gehört haben, verteilen sich auf einen größeren Zeitraum. Das wird ihnen schlagartig bewusst – und damit die Relativität bislang sicher geglaubter zahlreicher Alternativen. Denn will der Manager *jetzt* oder *demnächst* wechseln, reduziert sich die Strichlistenauswahl auf einmal deutlich. Fasst die suchende Füh-

CEO-TIPP Wenn es darauf ankommt, schmelzen belastbare Jobangebote wie Schnee in der Sonne. Geben Sie sich nicht dem unbestimmten »Bauchgefühl« hin, dass Sie im entscheidenden Moment über mehrere Alternativen verfügen werden. Bearbeiten Sie stattdessen aktiv selbst den Markt.

rungskraft nach, entpuppen sich etliche Headhunter-Anrufe und Vakanzen aus dem Kontaktnetz doch als vage, nicht passend oder schon wieder besetzt. Und in den Print- und Onlinemedien sind »plötzlich« nur Vakanzen, die gar nicht oder kaum passen.

Noch passiver und damit ausgelieferter, um nicht zu sagen demütigender erleben die jobsuchenden Manager die Situation, wenn sie ihr Profil, oft kostenpflichtig, in elektronischen Jobbörsen, auf Headhunter-Websites oder direkt bei Großunternehmen einstellen sollen. Da kleben sie dann an einer Litfaßsäule, können von jedermann bestaunt werden und harren der Dinge, die da hoffentlich kommen mögen. In Teilen der gegenwärtigen Ratgeberliteratur ist zu lesen, man brauche so nicht mehr auf Stellenangebote zu reagieren, denn man *lasse* sich elegant ansprechen, der Jobsuchende erzeuge so eine Sogwirkung – was besonders souverän klingt. Nur leider erfüllt sich dieses Versprechen meist nicht einmal bei einem einfachen Abteilungsleiter. Gänzlich absurd ist es, so einen Rat einem gestandenen C-Level-Manager zu erteilen. Die Mär des omnipräsenten Internets samt der dazugehörigen außen stehenden Macht, die Deus-ex-machina-gleich für die Lösung des Managerproblems sorgt, eine ansprechende neue Aufgabe zu finden, ist so rührend wie naiv. Sie ist einfach außerhalb jeglicher Wahrscheinlichkeit und soll daher hier nicht weiter verfolgt werden.

CEO-TIPP Jobbörsen und Businessnetzwerke halten für Manager nicht, was sie versprechen! Verlassen Sie sich nicht darauf anzunehmen, Unternehmen würden in großem Umfang versuchen, die erfolgsentscheidenden C-Level-Positionen zu besetzen, indem sie die in Masken gepressten CV-Profile nach möglicherweise Passendem durchforsten.

Zusammenfassend lässt sich die Frage, warum es gestandene Manager zulassen, plötzlich unter Druck zu geraten angesichts der aufkeimenden Erkenntnis, dass viele der Angebote und Vakanzen weder hieb- noch stichfest sind, ganz einfach beantworten: Weil sie keine Alternative kennen.

Zielgruppenorientierung

Dabei könnten sich alle Führungskräfte Alternativen schaffen, Alternativen, die etwa eine fünffach größere Wahlmöglichkeit eröffnen als das oben beschriebene Standardverhalten der meisten suchenden Manager. Es ist eine Alternative, die Managern aus ihrem Unternehmensalltag vertraut ist und die sie dort sehr wohl auch nutzen. Aber in eigenen Angelegenheiten kommen sie nicht auf die Idee, dieses bewährte Verhalten analog anzuwenden: Es ist das Zielgruppendenken. Jeder Vertriebschef, jeder gesamtverantwortliche Geschäftsführer oder Vorstand, jeder Einkäufer beim strategischen, selbst beim operativen Einkauf denkt in Zielgruppen. Auch jeder Personalchef denkt in Zielgruppen, wenn er aufgrund einer definierten Job-Description Mitarbeiter rekrutiert. Selbst der Finanzchef sucht sich seine WP-Gesellschaft, seine Rechtsanwaltssozietät oder seinen Steuerberater anhand von spezifischen Zielgruppenkriterien aus – jedenfalls wenn er sich neu orientiert – *und spricht sie an!* Je nach Funktion sind die verantwortlichen Manager sogar gezwungen, mindestens drei Bewerber vorzustellen, von drei Beratungs-, Logistik-, Cateringgesellschaften, Vermietern oder Softwarehäusern konkrete Angebote eingeholt zu haben (und gegebenenfalls noch viele mehr vorgeprüft zu haben). Compliance-Richtlinien und diesen zugeordnete Regelwerke fordern dies in vielen großen und mittelständischen Unternehmen, um Missbrauch oder Leichtfertigkeit zu begegnen.

CEO-TIPP Märkte werden vom Denken in Zielgruppen beherrscht. Auch der Arbeitsmarkt und damit der Markt der C-Level-Manager. Berücksichtigen Sie daher diese Markteigenschaften des C-Level-Arbeitsmarktes und kaprizieren Sie sich nicht auf vereinzelte Vakanzen, die mehr oder weniger zufällig identifiziert werden.

Und noch immer erkennen die meisten Manager trotz dieser ihnen wohlbekannten Zielgruppenstrategie keine Analogie und Alternative für sich selbst. Soll ich wirklich meine Bewerbungsmappe mit CV, Zeugnissen und womöglich Referenzen ungefragt an die Zielgruppe der mich interessierenden Unternehmen schicken? Ja und nein!

Erstens: nein! Unverlangt vorgelegte Mappen liest sowieso niemand, nicht einmal Manager aus der Personalabteilung – jedenfalls in aller Regel. So erreichen Sie Ihre Zielgruppe natürlich nicht – abgesehen davon, dass dies alles andere als selbstbewusstes Ansprechen auf Augenhöhe ist. Kommt es doch vor, wird es als ein dem C-Level im Grunde unangemessenes, typisches »Bewerberverhalten« empfunden, besonders wenn es dann auch noch garniert ist mit dem üblichen, egozentrischen Bewerber-Kotau »Ich suche eine neue Herausforderung«, »Ich bin mir sicher, Ihre Erwartungen erfüllen zu können/Ihr Unternehmen erfolgreich managen zu können« und dergleichen selbstbezogenen bis unterwürfigen Floskeln mehr. Aber nicht nur selbstbezogen und selbstetikettierend bis unterwürfig, sondern auch überzogen sind viele dieser sattsam bekannten Formulierungen. Wie will der Bewerber ohne persönliche Gespräche, allein auf Basis von Geschäftsberichten, Unternehmens-Website und so weiter wissen, gar »sicher sein«, dass er ein bestimmtes Unternehmen erfolgreich führen oder eine mutmaßliche Position voll engagiert und erfolgreich ausfüllen würde?

CEO-TIPP Systematisches Karrieremanagement transferiert Erfolgsmethoden aus anderen »Fahndungsdisziplinen«: Einer Rasterfahndung gleich durchkämmen Sie Ihre Zielgruppen nahezu vollständig auf der Suche nach den verdeckten Karriereoptionen, die genau auf Sie passen.

Zweitens: aber ja! Ja, schreiben Sie direkt die Unternehmen an. Denn gut 80 Prozent aller offenen Managementpositionen werden nicht offen ausgeschrieben und dennoch besetzt! Diese können Sie unmöglich über Ihr Kontaktnetz identifizieren, weil das Kontaktnetz von *jedem* Menschen »lückenhaft« ist. Zudem kennt niemand seine Zielgruppe vollständig geschweige denn verfügt zu allen über tragfähige Kontakte. Voraussetzung sind gute Firmendatenbanken wie Hoppenstedt, Kompass und andere. In manchen Fällen genügen diese nicht, dann helfen aber meist Spezialdatenbanken weiter.

CEO-TIPP Nicht Kompetenzen oder Qualifikationen entscheiden – entscheidend ist die Performance!

Ihre individuellen Zielgruppen können Sie für sich bezüglich konkreter, jetzt freier Positionen nur transparent machen, wenn

Sie – statt mit einer unverlangten Bewerbungsmappe womöglich an den Personalchef – sich persönlich und vertraulich mit einem Schreiben an die *Entscheider* der Sie interessierenden zielgruppenspezifischen Unternehmen wenden. Und zwar mit dem Einzigen, was Unternehmenslenker und Unternehmenseigentümer wirklich interessiert: mit Ihrer Performance! Es ist hier nicht anders als im Unternehmensalltag auch.

Halten wir also fest: Sie erreichen Souveränität, Autonomie und Wahlfreiheit, wenn Sie Ihre Zielgruppe genau definieren und aktiv richtig ansprechen. Das bedeutet auch, breit an die Zielgruppe heranzugehen: Je größer die Stückzahl Ihrer Initiativbewerbungen ist, desto größer sind Ihre Chancen, den Markt aufzudecken. Und lassen Sie Ihre Erfolge für Sie und sich sprechen.

Prinzip 2

Performance: Erfolgsdarstellung

»Erfolge bringen Erfolg hervor,
genau wie Geld das Geld vermehrt.«

Nicolas-Sébastien de Chamfort

Warum sollen Sie Ihre Performance darstellen? Ganz einfach: Weil nichts so erfolgreich ist wie der Erfolg, oder wie die Amerikaner sagen: »Nothing succeeds like success.« Was dagegen sind schon Kompetenzen? Ein Indiz, sicher! Zwar sind auch bisherige Erfolge lediglich ein Indiz – aber erfahrungsgemäß das stärkere. Vorausgesetzt, die Erfolgsdarstellung berücksichtigt Prinzipien, wie sie weiter unten beschrieben werden.

Zu Recht werden Manager gefragt: »Haben Sie die PS auch auf die Straße gebracht?« Und sie werden hiernach beurteilt und – wenn auch noch zu selten – danach eingestellt. Freilich ist es schön, wenn Sie kompetent sind, vermutlich studiert haben und ein ausgewiesener Fachmann sind, der sich fortwährend weitergebildet hat. Auch schön, wenn Sie in Ihrer letzten Funktion einen beeindruckenden Funktionstitel im Organigrammkästchen und auf Ihrer Visitenkarte führten. Fredmund Malik warnt völlig zu Recht: »99 Prozent der Bewerber geben zwar Positionen in ihren Lebensläufen an, aber keine Resultate. Ergebnisse sind entscheidend, nicht Visitenkarten.« (Malik, 2008) Denn Manager werden bei der Einstellung nicht vorrangig nach ihren Funktionstiteln und bisherigen Visitenkarten beurteilt. Erst recht nicht während der Jobausübung – dort reichen natürlich nicht einmal ihre abgegebenen Forecasts, noch weniger ihre guten Absichten oder Ideen. Allein deshalb wird kaum jemand befördert, sondern vor allem für

CEO-TIPP Langfristig entscheiden weder Fachkompetenzen noch Social Skills über Ihren Erfolg, sondern nur der Erfolg selbst. Daher gilt: Beiträge zum Unternehmenserfolg sind breit darzustellen!

erzielte Beiträge zum Unternehmenserfolg, eben aufgrund von Performance als Voraussetzung und Grundlage der Budgeterfüllung! Johannes Rüegg-Stürm verdichtet denn auch (meist) zutreffend: »Unternehmen scheitern nicht an Ideen und Kreativität, sondern an der Umsetzung.« (Rüegg-Stürm 2003)

Die »Tore« im Unternehmen sind die Erfolge, die Sie als Manager erzielt haben. Erfolge sind es, die über die Höhe der Jahresbezüge entscheiden und die Stellung, die der Manager oder Spieler im Team einnimmt!

Viele Darstellungen in CVs sind weit von einer Erfolgsdarstellung entfernt. Sie indizieren noch nicht einmal einen Erfolg. Formulierungen wie »Marketingstrategie entwickelt und umgesetzt« hören sich – um die Metapher fortzuführen – allenfalls wie »Ballbesitz« an. Meist werden solche Formulierungen unreflektiert aus den nüchternen Stellenbeschreibungen oder drögen Zeugnistexten unkreativ kopiert. Diese Formulierungen haben mit Erfolgsbeiträgen absolut nichts zu tun. Schon das Entwickeln von Marketingstrategien erfordert jedenfalls Zeit- und Geldaufwand, und die Umsetzung einer Marketingstrategie kostet erst richtig Zeit und Geld. Im ungünstigsten Fall ist die neue Strategie schlechter als die alte und die Umsätze ebenfalls. Oder die Umsätze stagnieren. Das wäre dann Aufwand ohne Ertragszuwachs und damit auch ein negatives Bemühen, jedenfalls kein Erfolgsbeitrag. Vielleicht stiegen die Umsätze oder es wurden neue Zielgruppen erfolgreich angesprochen. Aber das steht nirgends, nicht in dieser geradezu klassischen Formulierung. Der Leser kann es also nicht wissen.

CEO-TIPP In der Welt der Unternehmen ist es wie im Fußball: Am Ende zählen nur die geschossenen Tore! Das sollten Sie im Kopf behalten, wenn Sie das nächste Mal im Interview für eine neue Position sind oder Ihre Unterlagen aufbereiten: Für das bloße Tätigwerden wird der Manager nicht bezahlt.

Das bloße Tätigwerden des Managers darzustellen zeigt allenfalls den Grad »operativer Betriebsamkeit«, aber keine Performance. Das ist also kein Beitrag zum Unternehmenserfolg. Dennoch erschöpfen sich die meisten C-Level-CVs in diesen eher spröden Aussagen. Sie erinnern in ihrer distanzierten und zudem völlig unspezifischen, fast inhaltsleeren Allgemeinheit an die Wissenschaftssprache, die nüchternen Formulierungen vieler Wirtschaftsprofessoren. Denn was wird ein Chief of Marketing wohl machen? Natürlich Marketingstrategien entwickeln und umsetzen!

CEO-TIPP Wenn Sie Ihre Zielgruppe erreichen wollen, traktieren Sie Ihre Leser nicht mit dem drögem Wissenschaftsdeutsch der BWL. Empfänger Ihrer Darstellungen sind nicht Wissenschaftler an ihren Instituten, sondern Manager in der Praxis.

Die drei Stufen der Erfolgsdarstellung

Stufe 1: Erreichen eines Unternehmenszieles

Die Erfolgsdarstellung sollte zwingend sein. Wer sie liest, sollte nicht die Möglichkeit haben zu denken: Schön, aber ist das wirklich eine Leistung? Was sagt schon eine 20-prozentige Umsatzsteigerung ohne Vergleich aus? Vielleicht wurden in anderen Regionen Deutschlands oder in anderen Ländern deutlich höhere Umsatzzuwächse erzielt? Oder angenommen, Sie hatten die Gesamtverantwortung für das Unternehmen – wie leicht denkt dann der Leser: »20 Prozent Umsatzsteigerung! Aber woher weiß ich denn, ob der Branchendurchschnitt nicht bei 35 Prozent lag?« Ihre Unterlagen werden schließlich auch von Branchenfremden gelesen. Deren Vorsicht, gar Skepsis, räumen Sie so nicht aus. Würden Sie hier stehen bleiben, hätten Sie lediglich die erste Stufe einer überzeugenden Erfolgsdarstellung erklommen.

CEO-TIPP Wirksame, weil glaubhafte Erfolgsdarstellung erfordert, mehr als »20 Prozent Umsatzsteigerung« für sich zu reklamieren. Denn für sich genommen ist das noch gar nichts – jedenfalls kein Beitrag zum Geschäftserfolg: Jeder Euro Umsatz mehr könnte die Verluste vergrößert haben, oder der Wettbewerb könnte im selben Zeitraum 40 Prozent erzielt haben.

Stufe 2: Erfolg in Beziehung setzen

Besser, weil in Beziehung setzend und daher vertrauensstiftend, sind daher konkrete, messbare Aussagen wie:

- »Umsatzsteigerungen i. H. v. 18 Prozent über dem Branchendurchschnitt«,
- »Höchste Umsatzsteigerung unter allen Landesgesellschaften« oder
- »Platz 1 unter allen Vertriebsgebieten in Asia Pacific«.

Zu bedenken ist ferner, dass manche Umsatzsteigerungen, statt zusätzlichen Ertrag zu erwirtschaften, nur die Verluste vergrößern. Daher sollte – natürlich nur sofern zutreffend – »profitable Umsatzsteigerung« dort stehen.

Dies führt uns direkt zu grundsätzlichen Überlegungen. Denn sind »erkaufte« Umsatzsteigerungen, die jedenfalls zunächst Verluste erbringen, keine Erfolge? Bekanntlich werden, beispielsweise wegen eines geplanten IPO, von manchem Private-Equity-Eigentümer Umsätze erkauft, um den Unternehmensverkauf attraktiver zu machen oder später Skaleneffekte zu erzielen. Gleiches gilt auch für manchen Vorstand klassischer Unternehmen, der im Einvernehmen mit dem Aufsichtsrat solche Ziele verfolgt. Ferner ergibt sich aus Umsatzzuwächsen bei stagnierendem oder schrumpfendem Markt eine Marktanteilssteigerung mit allen damit einhergehenden positiven Aspekten. Kehren Sie also das Besondere an Ihren Erfahrungen heraus: Wenn die Umsatzsteigerungen nicht profitabel waren, dann schreiben Sie, sofern zutreffend, dass sie zu Marktanteils- oder Unternehmenswertsteigerungen geführt haben.

Marktanteilssteigerung ist eines von vielen sekundären Unternehmenszielen. Das primäre ist nach herrschender betriebswirtschaftlicher Auffassung si-

CEO-TIPP Jeder »Beitrag zum Unternehmenserfolg« stellt unter anderem die Erfüllung eines primären oder sekundären Unternehmenszieles dar: entweder Ertragskraft- beziehungsweise Unternehmenswertsicherung oder -steigerung als primäres Ziel oder eines der vielen sekundären Ziele wie Qualitätssicherung, Kundenbindung, Erhöhung der Lieferfähigkeit oder der Rechtssicherheit.

cher die Gewinnerzielung beziehungsweise -maximierung, abgesehen natürlich von der Liquidität als vorgelagerter zwingender Voraussetzung für das Bestehen von Unternehmen. All die anderen Unternehmensziele wie Marktanteilssteigerung, Kostenreduzierungen, Qualitätssteigerung, Kundenbindung, Zahlentransparenz, Risikomanagement und erhöhte Rechtssicherheit sind sekundäre Unternehmensziele, die sich alle auf das primäre der Ertrags- oder Unternehmenswertsteigerung auswirken.

Fazit: Jede qualitative oder quantitative Performance- oder Erfolgsdarstellung beschreibt die Unterstützung beziehungsweise Erreichung eines primären oder sekundären Unternehmenszieles. Dies ist unerlässlich, sonst beschreibt sie keinen »Beitrag zum Unternehmenserfolg«. Und nur solche kommen in unser spezifisches Dokument »Beiträge zum Unternehmenserfolg«.

Ein anderes typischerweise in CVs vorkommendes Beispiel ist: »CRM-System erfolgreich eingeführt.« Durch floskelhafte Adjektive oder Attribute wie »erfolgreich« wird die Aussage noch nicht glaubhaft und jedenfalls nicht zu einem »Beitrag zum Unternehmenserfolg«. Denn die Praktiker – und Ihre Empfänger sind allesamt Praktiker – wissen: Die Entwicklung oder auch nur Einführung eines standardisierten CRM-Systems verursacht erhebliche Kosten. Neben der monetären Investition in die reine Software(-Entwicklung) und dem durch die Einführung verursachten Zeitaufwand im Unternehmen beansprucht es zeitlich dauerhaft den Vertriebsaußen- und -innendienst mit der Pflege des Systems, den diversen Eingaben und natürlich mit möglicherweise Unmengen an Zahlenbergen und Datenfriedhöfen, die ihrer Nutzung harren, aber des Öfteren eben nie sinnvoll genutzt werden. Wie kann man von einem Erfolg sprechen, wenn außer Kosten, Datenfriedhöfen und genervten Mitarbeitern nichts erreicht worden ist? Der Empfänger spürt das, er kennt die Unternehmenswelt so gut wie

CEO-TIPP Wenn Sie zwischen primären und sekundären Unternehmenszielen differenzieren, haben Sie sehr viel mehr Erfolgsdarstellungsmöglichkeiten, Sie sind prägnanter und differenzierter zugleich und damit überzeugender und glaubwürdiger. Und Sie können sowohl einen quantitativen als auch qualitativen Beweis erbringen.

Sie und ich und denkt: »Schön, da hat er auch schon Erfahrungen gesammelt.«

Doch natürlich kann die Einführung eines ordentlichen CRM-Systems ein Beitrag zum Unternehmenserfolg sein. Es würde sonst kaum in so vielen Unternehmen eines existieren, wenn es außer Zeit- und Kostenaufwand nichts Positives ergeben würde. Schreiben Sie das auch in Ihr Dokument. Niemand ist an Kostenproduktion und Zeitaufwand interessiert, jeder aber an der Erreichung primärer und sekundärer Unternehmensziele. Es ist also auch hier wieder unerlässlich, ein primäres oder sekundäres Unternehmensziel anzuführen und zusätzlich zu schreiben, wie Sie das Ziel erreicht haben, nämlich unter anderem durch Einführung eines CRM-Systems. So einfach ist das! Glaubwürdigkeit für den Beitrag zum Unternehmenserfolg entsteht durch Nennung beider Fakten – also der Ziele und Ihrer Maßnahmen (vgl. Tabelle auf S. 56).

Angenommen, Sie haben aufgrund des (eingeführten oder auch nur verbesserten) CRM-Systems das Beziehungsmanagement zu Ihren Kunden signifikant verbessert, weil der Vertriebsmitarbeiter bei seinem nächsten Kundenbesuch sich erinnert, dass die Tochter des Gesprächspartners zur Kommunion oder Konfirmation gegangen ist, und ihn aus ehrlichem Interesse darauf anspricht. Oder auf all die anderen persönlichen oder geschäftlichen Ereignisse und Entwicklungen. Das ist geeignet, das Kundenbeziehungsmanagement zu verbessern, und ganz klar ein sekundäres Ziel. Sie könnten also schreiben: »Signifikant verbessertes Kundenbeziehungsmanagement unter anderem aufgrund der Einführung eines wirksamen CRM-Systems.«

Es ist auch gut denkbar, dass dieses CRM-System zu Qualitätsverbesserungen beigetragen hat, da fortan die Rückmeldungen der Kunden systematisch(er) auch zu diesem Punkt erfasst und ausgewertet werden. Und sie werden in Zusammenarbeit mit Logistik, Produktion, Aftersales und/oder Forschung & Entwicklung besser als bislang gelöst. Oder aufgrund des verbesserten CRM-Systems konnten Umsätze, gar Marktanteile sowie der Ertrag oder der Unternehmenswert erhöht werden. Die Königsdisziplin wären aufgrund der systematischen Erfassung der Kunden- und Marktdaten nicht nur Qualitätsverbesserung und Umsatz- oder Profitsteigerungen, sondern das Aufdecken von Kundenwünschen, die zu neuen, marktgängigen Produkten oder gar ertragsstarken neuen Geschäftsfeldern führen. Auch hier ist also ein Zusammenhang zu einem CRM-System herstellbar. Sofern zutreffend, könnten Sie diesen Beitrag zum Unternehmenserfolg noch bereichern durch einen Zusatz wie: »Deutlich verbesserte Produktqualität … durch Einführung/Entwicklung eines auch vom Außendienst akzeptierten CRM-Systems.«

Haben Sie nun diese zweite Stufe erklommen und Ihre Leistungen nicht nur dargestellt, sondern auch in Beziehung zu den Erfolgen in anderen Unternehmens- oder Konzernteilen oder dem Wettbewerb gesetzt, sind Sie Ihrem Ziel der überzeugenden Erfolgsdarstellung schon recht nahe. An der Tatsache, dass es sich tatsächlich um eine Erfolgserzielung handelt, kann so kaum mehr gerüttelt werden. Das In-Beziehung-Setzen kann natürlich auch rein zeitlich erfolgen: Beispielsweise haben Sie etwas zum Positiven verändert, was es vorher so noch nicht gegeben hat, etwa die Warenverfügbarkeit erhöht oder Quartalsergebnisse sieben Tage früher ermittelt. Hier treten Sie quasi gegen sich selbst an oder einen früheren, weniger befriedigenden Unternehmenszustand.

Stufe 3: Erfolgsursache aufzeigen

Die dritte Stufe beantwortet dem Empfänger die Frage, wie Sie diesen Erfolg erzielt haben. Der Leser wird von Ihnen und Ihrer Leistung noch beeindruckter sein, wenn er erfährt, wie Sie dieses Ergebnis erzielt haben. Ohne Darstellung der angewandten Techniken und Methoden klängen Ihre Ausführungen zu sehr nach dem cäsarenhaften veni, vidi, vici – ich kam, ich sah, ich siegte. Dem König Midas gleich gerät offenbar alles unter Ihren

CEO-TIPP Zeigen Sie, mit welchem Aufwand, welcher Methode Sie Ihre Erfolge erzielen konnten – das schmückt Ihre Performancedarstellung, denn nach Thomas Edison ist Erfolg nur ein Prozent Inspiration, aber zu 99 Prozent Transpiration!

Beiträge zum Unternehmenserfolg (Auszug)

Sicherung und Steigerung der Ertragskraft durch...
... Umsatzwachstum, Ausbau von Geschäftsfeldern und Expansion

- Kontinuierliche **Umsatzsteigerungen um ca. 12 %** p. a. als verantwortlicher Betreuer für 8 Großkunden mit einem Umsatz > 35 Mio. €.
- Schaffung der Voraussetzungen für eine deutliche **Erhöhung der Warenverfügbarkeit** trotz **gleichzeitiger Reduzierung der Bestände** speziell für unternehmenswichtige Promotions- und Saisonartikel (Umsatzanteil > 45 %) durch die Konzeptionierung und Umsetzung eines Absatzplanungs-Systems.
- Kontinuierliche **profitable Umsatzsteigerung** von ca. 18 % p. a. mit der Carl Zeiss Gruppe, erreicht durch die konsequente Ausrichtung des Werkes auf die sehr hohen qualitativen und servicebezogenen Anforderungen der Automobilindustrie. Belegt durch die begehrte Auszeichnung »Carl Zeiss – SUPPLIER OF THE YEAR« 2002.

...Kostenreduzierung, Produktivitätssteigerungen, Re-Design von Produkten und Prozessen

- Systematische **Reduzierung der Herstellkosten** für ausgewählte Produkte um bis zu 40 % durch den Einsatz von interdisziplinären **Wertanalyse-Teams.**
- Reduzierung der Stahlbestände um 18 %, Verringerung der Inventurabweichungen um bis zu 60 % und eine verbesserte Auslastung von ausgewählten Engpass-Maschinen um ca. 35 % durch die konsequente Umsetzung wesentlicher Elemente **des Toyota Produktionssystems** für die französischen und rumänischen Standorte.
- Vermeidung angekündigter Stahl-Preiserhöhungen in den schwierigen Jahren der Angebotsverknappung mit einem **Netto-Ergebniseffekt von ca. 3,5 Mio. €** für die Gruppe durch enge, persönliche Kommunikation, intensive Verhandlungen mit den Lieferanten sowie Volumenverschiebungen und langfristige Vertragsgestaltungen.
- Kontinuierliche **Reduzierung der Durchlaufzeiten um insgesamt 60 % und der Liegezeiten um 70 %** durch die Entwicklung und Einführung eines intelligenten Produktions- und Kennzahlensystems zur **kontinuierlichen und nachhaltigen Verbesserung (= KVP)** aller SCM-Prozesse.
- Nachhaltige Verbesserung der Lieferperformance um 14 % bei gleichzeitiger **Bestandsreduzierung um 18 % (= 7 Mio. €)** durch:
- Entwicklung und Umsetzung eines standardisierten **Konsignationslager-Konzeptes** mit präziser Festschreibung der Prozesse bzgl. der Risikoverteilung, Kosten, etc.
- Umsetzung des Direktfakturierungs- und Direktbelieferungs-Konzeptes durch den **Ausbau des Zentrallagers** in Frankreich und die **Schließung der früheren Lagerstandorte** in Deutschland, Benelux, Rumänien, Österreich und Skandinavien.

bitte wenden

Ralf Degenhardt
Kernhauser Landstraße 55 | 85580 Schradenstein
Mobil 0172 343 43 30 | E-Mail: ralf-degenhardt@t-online.de

Verbesserte Unternehmens-Steuerung und optimierte Organisations-Strukturen

- Entwicklung und erstmaliger **Aufbau** eines **strategischen Einkaufs** u. a. in Indien in Abstimmung mit den internationalen Landesgesellschaften mit folgenden Schwerpunkten:
  - **Lieferantenkonsolidierung**: Skaleneffekte, Prozesskosten-Reduzierung.
  - Schaffung gruppenweit einheitlicher Vertragsdokumente: Erhöhung der Rechtssicherheit.
  - Entwicklung von Lieferanten-Auswahl, Lieferanten-Bewertung und Lieferanten- Qualifizierungsabläufen: **Qualitätssteigerung.**
  - Erstellung von einheitlichen Einkaufskonditionen: Komplexitätsreduzierung.
- Vorausschauende und präzisere Unternehmenssteuerung aufgrund signifikant verbesserter Transparenz durch die **Entwicklung eines Unternehmens-Cockpit** als Steuerungs-Instrument zur Verbesserung des EBIT, Umlaufvermögens und Cashflow.
- Deutlich erhöhte Transparenz und standardisierte Prozesse für das internationale Geschäft durch **termingerechte, effiziente Einführung von SAP** als gesamtverantwortlicher Projektleiter: Voraussetzung für globale Pricing-Strategie, Optimierung des Produktions-Netzwerkes etc.
- Umfassende Neuorganisation der Unternehmens-Gruppe mit nachhaltigen Kosten-Einsparungen von mindestens 5 Mio. € p. a. sowie effizienterer **Integration** künftiger **Unternehmens-Akquisitionen.**

Erhöhte Wettbewerbsfähigkeit durch internationale Einkaufsvolumen- und Produktionsverlagerung

- Nachhaltige **Reduzierung der Herstellkosten** i. H. v. **4 Mio. €** jährlich als gesamt-verantwortlicher Projektleiter in Zusammenarbeit mit Vertrieb, Technik und Finanzen durch **Produktionsverlagerungen nach Tschechien bzw. Algerien** bei konstant hohem Lieferservice und unter Einhaltung der Qualitätsparameter.
- Nachhaltige **Kostenreduzierung von 1,2 Mio. €** p. a. durch die **Verlagerung eines Einkaufsvolumens** von 12000 Tonnen Stahl in die Ukraine unter strikter Einhaltung der unternehmenskritischen Qualitätsparameter sowie der Mengen- und Terminvorgaben. Zusätzliches Kosteneinsparungspotential i. H. v. ca.2,5 Mio. € durch die Belieferung der Werke in UK und Rumänien.

Umsichtiges und straffes Krisenmanagement

- **Task Force Einsatz**: Schnelles Etablieren eines neuen Dienstleistungs-Unternehmens aufgrund eines Wechsels des Outsourcing-/Logistikpartners, verursacht durch erhebliche Kostenüberschreitungen und Nichterfüllung der gemeinsam vereinbarten Ziele. Anschließend Übererfüllung der gesetzten Zielvorgaben: jährliche Kostenreduzierung i. H. v. 520000 € und deutliche Verbesserung der Flexibilität.
- **Stopp-Loss-Entscheidung** getroffen und unternehmensintern durchgesetzt: Vermeidung einer signifikanten Budgetüberschreitung von über 1,8 Mio. € durch **Ausstieg aus internationalem SAP-Projekt** – dadurch Sicherung bereits geplanter, unternehmenswichtiger Investitionsentscheidungen.

Ralf Degenhardt
Kernhauser Landstraße 55 | 85580 Schradenstein
Mobil 0172 343 43 30 | E-Mail: ralf-degenhardt@t-online.de

Händen zu Gold. Das wirft Fragen auf! Und die blieben unbeantwortet und machten eher etwas misstrauisch. Wir kennen das von den angloamerikanischen Lebensläufen, bei denen Kenner bisweilen sagen, man müsse die Hälfte wegstreichen, dann träfe man vielleicht die Wirklichkeit. Da Hellsehen nicht zum Standardrepertoire von Managern gehört, fasst Ihr Leser also noch mehr Vertrauen in Ihre Aussagen und in Ihre Person als Manager, wenn er erfährt, wie Sie die Erfolge erzielt haben. Das liest sich dann etwa wie in Beispiel 1 (S. 54).

Das klingt schon nicht mehr danach, dass unter Ihren Händen alles König Midas gleich zu Gold gerät. Es klingt schon eher schlicht nach Kärrnerarbeit.

Nun zur Frage, wie die Beiträge zum Unternehmenserfolg dargestellt werden sollten. Die folgende Tabelle mag dies verdeutlichen. Nur die ersten drei Spalten sind für jeden einzelnen Performancebeitrag auszuarbeiten, um zu beweisen, dass es sich wirklich um einen nützlichen Unternehmenserfolgsbeitrag handelt. Die letzte Spalte mit der vierten Komponente ist sparsam einzusetzen: Wenn eine persönliche Eigenschaft in besonderer Weise zum Erfolg beigetragen hat, womöglich zwingend erforderlich war, ist auch sie darzustellen.

Was?	Wie viel? Welche Qualität?	Wodurch?	Welche persönlichen Eigenschaften?
Primäres oder sekundäres Unternehmensziel	Quantifiziert oder qualifiziert, Bezug, Rahmenbedingungen	Methode, angewandte Technik, Aufwand	Managementkompetenz, fachliche, soziale Kompetenz

Diese Ausführungen hören sich auch nach Kompetenz und Knowhow an, bisweilen auch nach Durchsetzungsstärke und anderen charakterlichen Eigenschaften, ohne dass diese explizit behauptet werden – aber sie schwingen mit in dieser Aussage. Diese sozialen Kompetenzen liegen Ihren Erfolgen vermutlich auch zugrunde. Hier, und nur hier, ist es zweckmäßig, explizit von Ihren Kompetenzen und Fertigkeiten zu berichten, aber immer *im Zusammenhang* mit Ihren erzielten Erfolgen. Also nicht schwerelos als Eigenschaften Ihrer Person, von denen niemand wissen kann, ob Sie sie je »auf die Straße gebracht haben«, je damit Erfolge erzielt haben. Beispielsweise klingt das dann so wie in Beispiel 2 (S. 58).

Daher sind die selbstetikettierenden Manager- und C-Level-Eigenschaften wie strategisch, analytisch, hands-on, durchsetzungsstark, belastbar, motivierend und was dergleichen sonst noch in CVs von ihren Verfassern verbreitet wird, eher peinlich, weil einfach so dahingesagt. Zwar sind sie nicht ohne weiteres widerlegbar, aber da sie zur Floskel geraten, sind sie nicht einmal im Ansatz glaubwürdig.

Stufe 4: Charaktereigenschaften sparsam darstellen

Wenn Sie jedoch sparsam mit solchen Bekenntnissen umgehen, entwickeln diese Statements durchaus Kraft und Glaubwürdigkeit: allein durch die Verbindung mit Erfolgen. Sie dürfen also nicht isoliert vorgebracht werden, sondern in Zusammenhang mit Ihren Performancebeiträgen. Wenn Sie etwa eine Betriebsvereinbarung gegen den hartnäckigen Widerstand des Betriebsrats durchgesetzt haben oder, wie erwähnt, den Außendienst dazu motivierten, ein neues CRM-System aktiv und gerne zu nutzen, dann sagt dies natürlich etwas über Ihre Charakterstärken oder Ihre sozialen Kompetenzen aus. Dies ist die vierte Stufe oder der vierte Bestandteil einer überzeugenden Erfolgsdarstellung, gewissermaßen das Sahnehäubchen. In aller Regel werden die drei erstgenannten reichen. Im Grunde ist es zweitrangig, auf Basis welcher Kompetenz Sie einen Erfolg erzielt haben. Wichtig ist zunächst, dass Sie ihn erzielt haben. Und – wie Juristen gerne sagen – »alles Überflüssige ist falsch« oder auch »Überflüssiges ist ermüdend«, wie Werbe- und Marketingfachleute ergänzen würden. Denn es zeigt, dass der Verfasser es nicht vermochte, Wesentliches von Unwesentlichem zu trennen.

Eine wichtige Unterscheidung ist folglich zu treffen: In den schriftlichen Informationen ist über Ihren Charakter möglichst gar

Beiträge zum Unternehmenserfolg

Performance Management

- Kontinuierliche Verbesserung der relevanten operativen Kennzahlen (KPIs).
- Branchenübergreifende Benchmark für **ausgezeichneten Kundenservice**:
  - Deutschlands Kundenorientiertester Dienstleister 2008 und 2011.
  - Deutschlands Kundenchampion 2011 (Deutsche Gesellschaft für Kundenmanagement).
- Verbesserung des Net Promoter Scores NPS (Weiterempfehlungsbereitschaft) um 10 %-Punkte auf einen europaweiten Spitzenwert von 77.
- Verbesserung der Abschlussquote (Conversion Rate) in den Vertriebskanälen Filialen, Call-Center und Online um mehr als 20 %.
- Aufbau einer **»High Performance Kultur«** – Anstieg des Engagement-Levels der operativen Mitarbeiter um 11 %-Punkte bei gleichzeitiger Verbesserung aller KPIs.

Umsatz und Wachstum

- Analyse, Entwicklung, Implementierung und profitable Expansion eines Franchise-Konzepts mit **225 Franchise-Outlets** (180 Mio. € Umsatz im 3. Geschäftsjahr) als zusätzlichen Vertriebskanal zum Ausbau der Marktführerschaft.
- Internationale Expansion in **12 mittel- und osteuropäischen Ländern** durch den erfolgreichen Abschluss von Master-Franchise-Verträgen mit führenden Partnerorganisationen.
- **Neukundengewinnung** sowie Ausbau von Exklusiv-Vereinbarungen im wettbewerbsintensiven Firmenkundengeschäft.
- Erfolgreicher Relaunch von **abverkaufsorientierter TV-Werbung** mit neuem Absatzrekord für die beworbenen Eigenmarkenprodukte.
- Operative Umsetzung einer erstmaligen, groß angelegten TV-Kampagne mit einem Wachstum von über 28 % innerhalb von fünf Monaten durch den kurzfristigen Aufbau einer flexiblen Task Force von 350 zusätzlichen Filialmitarbeitern und 40 zusätzlichen Call Center Agenten.

Bitte wenden

Wolfgang Meinhardt
Zur Quelle 3 | 61476 Kronberg | Mobil: +49(0)172 9022 9133 |
E-Mail: wolfgangmeinhardt@t-online.de

E-Commerce/Multi-Channel und neue Geschäftsfelder

- Steigerung der **Online-Umsätze** als dritter Kontaktkanal um über 50 % in vier Jahren durch unmittelbare Integration von Kundenbuchungen in die Call-Center- und Filialprozesse.
- Aufbau und Führung eines innovativen **Internet-Start-up-**Unternehmens: Going Live mit einer neuartigen Internetplattform, erstmaliger Verknüpfung von Commerce, Content und Community-Applikationen.
- Konzeption eines neuen **Fachmarkt-Konzepts** nach US-amerikanischem Vorbild mit anschließend erfolgreicher **europaweiter Expansion.**
- Trotz anfänglicher Skepsis von Franchise-Nehmern – Verwirklichung des neuen, margenstärkeren **Geschäftsfeldes Service** als zusätzliches Leistungsangebot durch individuelle Investitionshilfen und umfangreiche Trainingsmaßnahmen.

Profitsteigerung und Ergebnissicherung

- **Profitables Wachstum** durch Aufbau einer flexiblen, an Wachstum und Saisonverlauf ausgerichteten Filialorganisation, Steigerung der Vertriebseffizienz und Verbesserung der Filialproduktivität durch effizientere Arbeitsprozesse. Freisetzung von Eigenkapital und Steigerung der Gesamt-Profitabilität durch erfolgreiche Umwandlung von Eigenfilialen in Franchise-Betriebe **(Conversion-Franchising).**
- Umstellung eines **Kennzahlensystems** zur Steuerung **durchlaufender Sortimente** mit signifikanter Verbesserung von Rohertrag/qm und Lagerumschlagsgeschwindigkeit.
- Leitung des Teilprojekts **»Personalkosten-Optimierung«** im Rahmen eines umfangreichen Strategieprojekts mit nachhaltigen Ergebnis- und Effizienzverbesserungen.

Fusionen und Restrukturierungen

- Landesspezifische **Optimierung des deutschen Filialnetzes** auf Basis eines weltweit erfolgreichen Geschäftsmodells mit Schließung von kleineren, weniger profitablen Standorten zugunsten von neuen Flag-Ship-Stores und einem mobilen Vor-Ort-Service.
- Erfolgreiche und existenzsichernde **Post-merger-Integration** von zwei unterschiedlich großen Verbundgruppen (540 Outlets versus 280 Outlets) durch Harmonisierung von Markenauftritt, Lizenzmodell und Konditionsgestaltung – erstmalige Marktführerschaft mit verbesserten Einkaufskonditionen und Skalenvorteilen.
- **Due Diligence und Akquisition** inklusive Betriebsübergang gem. § 613a BGB der deutschen Tochtergesellschaft eines US-amerikanischen Marktführers als Start-Nukleus für den Aufbau eines neuen, aber in das Kerngeschäft integrierten Geschäftsfeldes.
- **Re-Positionierung** und Schaffung einer Turn-Around-Situation für das strategisch wichtige **Eigenmarkengeschäft** mit einem Handelsvolumen von über 150 Mio. €.

nichts auszusagen, weil ohnehin nicht überprüfbar und *zunächst* auch nicht wirklich wichtig. Entscheidend sind Erfolge! Anders ist es natürlich beim persönlichen Kennenlernen, beim mündlichen Austausch. Selbstverständlich spielt der Charakter dann eine wesentliche Rolle, und Erfolge alleine sind zum Glück nicht entscheidend. Dort kann und soll man miteinander die Dinge erörtern, die schriftlich ohnehin nur ansatzweise dargestellt werden können und in Ermangelung des tatsächlich atmosphärisch zu Spürenden sowieso nur höchst unzureichend und letztlich oft unglaubwürdig beim Empfänger ankommen. Sparen Sie sich also all die charakterlichen Dinge für das persönliche Kennenlernen auf. Gleiches gilt selbstredend für Ihre Erwartungen an das Unternehmen!

Es bleibt der Grundsatz: Die schriftlichen Bewerbungsunterlagen sind die Eintrittskarte zum persönlichen Gespräch. Diese Unterlagen müssen neugierig machen und überzeugen – und zwar einen Entscheider, der in der Regel gewohnt ist, anhand von komprimierten, messbaren, verlässlichen Fakten zu entscheiden. Liefern Sie also genau solche Fakten: Ihre wichtigsten, messbaren und damit verlässlichen Erfolge! Denn damit vermitteln Sie dem Entscheider realisierbaren *Nutzen* für sein Unternehmen – Ihre Erfolge sind immer potenzieller Nutzen für das angeschriebene Unternehmen.

CEO-TIPP Sparen Sie sich die Darstellung Ihrer charakterlichen Eigenschaften oder Kompetenzen – wenn überhaupt – für das persönliche Gespräch auf und erhöhen Sie die Seriosität Ihrer schriftlichen Unterlagen durch weitgehenden Verzicht auf die vorgestanzten, selbstetikettierenden Lobhudeleien, etwa Sie seien durchsetzungsstark, analytisch und strategisch.

Der Köder muss dem Fisch schmecken

Die einfachsten Wahrheiten sind oft die besten – und werden besonders gerne missachtet. Bislang waren Sie gezwungen, die einfache Weisheit, die in dieser Überschrift enthalten ist, auf den Personaler umzusetzen. Denn ihm, dem vermeintlichen Engpass des

Bewerbungsverfahrens, dem Fisch also, sollte der Köder schmecken! Gleichviel, ob Sie sich bisher initiativ bewarben oder auf veröffentlichte Stellenanzeigen, und ganz gleich, ob es der unternehmensinterne Personalverantwortliche war, der nach geeigneten Managern Ausschau hielt, oder ein beauftragter externer Personalberater: Das gesamte Rekrutierungsverfahren – auch von C-Level-Managern – wird von Personalchefs beziehungsweise von externen Personalberatern beherrscht und damit geprägt. Bewerbungsratgeber haben daher immer *diese* Zielgruppen vor Augen, wenn sie ihre Ratschläge formulieren. Nur wenige Ratgeber – in Buchform oder Menschengestalt – empfehlen überhaupt, zielgruppenspezifische und nutzenorientierte Unterlagen für bestimmte Adressaten zu entwickeln. Die allermeisten Ratgeber haben ohnehin zuallererst die Person des Bewerbers im Blick und breiten daher detailliert aus, welche Ziele der Bewerber hat und warum er »schon immer« für das ausschreibende oder angesprochene Unternehmen arbeiten wollte.

Logisch, dass Sie dem nur Rechnung tragen dürfen, wenn Sie sich auch bei Personalern bewerben, die schon durch die Formulierung von Anzeigen und Stellenbeschreibungen deren Diktion und Inhalte prägen – die wiederum Bewerber nachzuahmen versuchen. Ihre Strategie bei der Direktansprache von Unternehmenschefs muss natürlich die grundsätzlich andere Interessenslage der Unternehmenslenker berücksichtigen. Es fällt dabei auf, dass die Gruppe der internen und externen Personaler sich meist deutlich ähnlicher im Denken, Auftreten und Interviewen von Bewerbern ist als etwa Personalchefs und operativ Verantwortliche im selben Unternehmen.

Bislang versuchten Sie also, Inhalte und Diktion Ihrer Bewerbungsunterlagen den Interessen und dem Geschmack interner und externer Personaler anzupassen: Inhaltlich und sprachlich möchten Personaler bei den Reaktionen auf ihre Suchanstrengungen bestimmte Voraussetzungen erfüllt sehen. So fest hat sich das Denken in Kompetenzen und anderen personalentwicklungsspezifischen Mustern bei Personalverantwortlichen eingegraben, dass sie meist auch bei initiativen Ansprachen ihren Rhythmus eingehalten sehen wollen – zumindest glauben das viele Bewerber:

Aus- und Weiterbildung, bisherige Funktionen, warum bewerben Sie sich, was soll Ihr »nächster Karriereschritt« sein, sind Sie als Back-up für vorhandene Positionen geeignet und dergleichen typische Aufzählungen mehr. Aber bitte keine Erfolge! Und seien sie auch zutreffender »Beiträge zum Unternehmenserfolg« genannt, auf Erfolge kommt es ihnen offenbar nicht an – oder nicht so sehr. Dafür sind weder Personalchefs noch Executive-Search-Berater zu schelten! Es ist nun einmal ihre Aufgabe, in personalfunktionsspezifischen Kategorien zu denken – dafür werden sie intern beziehungsweise extern bezahlt.

Die operativ Verantwortlichen, die Vorstände, Geschäftsführer und C-Level-Manager, sehen das naturgemäß völlig anders. Sie sehen es genauso wie die kontrollierenden und strategisch mitverantwortlichen Aufsichtsräte oder Beiräte. Diese Zielgruppen interessieren sich eher am Rande für Studium und Kompetenzen, sie wollen wissen, ob jemand erfolgreich war und in ihrem Unternehmen weiter erfolgreich sein könnte. Zudem wissen diese Zielgruppen in der Regel *immer* Bescheid, ob Vakanzen bestehen oder bald entstehen werden und vor allem, wie genau die strategische Richtung aussieht. Interne Personaler wissen dies nur manchmal – sehr unterschiedlich von Unternehmen zu Unternehmen, denn nicht immer sind sie eingeweiht in diese Überlegungen. Sie sind gut informierter »Businesspartner«, wie dies seit langem genannt, aber nicht in allen Unternehmen gelebt wird. Denn einige sehen und behandeln die Personalabteilung noch immer als administrative Querschnittsfunktion, die mit dem operativen Geschäft nicht zu betrauen ist.

CEO-TIPP Rekrutierungsverfahren werden fast immer von den internen Personalchefs oder externen Executive-Search-Beratern gesteuert und damit geprägt, bisweilen sogar dominiert. Da die wirklichen Entscheider aber die operativ verantwortlichen Geschäftsführer oder Vorstände beziehungsweise die kontrollierenden Aufsichtsräte sind, ist deren Maßstäben, Interessen sowie Denk- und Sprachmustern gerecht zu werden.

Die Unternehmenslenker, Aufsichtsräte und Mitglieder anderer Unternehmenskontrollgremien wiederum sind nicht dafür zu loben, dass sie beinahe einseitig auf den Erfolg fixiert sind und Personalentwicklungskriterien bei der Positionsbesetzung kaum mehr wahrnehmen können.

Unterschiedliche Interviewstile

Diese Zweiteilung der Bewerbungsverfahren in prägende und bestimmende Personaler – solange nicht direkt die Entscheider angesprochen werden – und eben operativ Verantwortliche bestimmt auch Art und Ablauf der Interviews. Auch hier gilt: Der Köder muss dem Fisch schmecken. Personalchefs und Personalberater legen in ihren Interviews besonderen Wert auf den Menschen, woher er kommt, wohin er will, was ihn also geprägt hat und was seine Motivation ist. Sie fragen daher schon gerne einmal, warum Sie studiert haben oder nicht, eine Lehre gemacht haben oder nicht. Ja, auch gerne einmal wird nach Vater und Mutter, Ehemann oder Ehefrau gefragt. Und was die denn so über Sie gedacht haben oder denken. Kurzum, sie psychologisieren gerne ein wenig und raten auch gerne zu diesem oder jenem. Kein Wunder, die meisten Menschen bewegen sich dort, wo sie sich sicher fühlen, beziehungsweise sprechen über die Dinge, die sie interessieren. Entscheider dagegen fragen nach den Erfolgen und wie Sie diese erzielt haben. Sie kümmern sich nicht so sehr um Ihre Aus- und Weiterbildung, und auch Ihre Familienverhältnisse sind ihnen meist nicht so wichtig. Oder warum Sie von Unternehmen X zu Y wechselten oder »nur zwei Jahre eine bestimmte Verantwortung« trugen. Im Gegenteil, sie solidarisieren sich schon manchmal mit Bewerbern und – solche Statements sind verbürgt – entgegnen schon einmal: »Da wurden Sie also Knall auf Fall von Ihrer Verantwortung entbunden!« Und fügen augenzwinkernd hinzu: »Da bin ich also nicht der Einzige, dem so etwas schon passiert ist!« Ehrlichkeit macht sympathisch – auf beiden Seiten! Psychologisierende Personaler dagegen fragten einen unserer absoluten Spitzenklienten, der zwei Studiengänge, darunter ein Auslandsstudium an einer Eliteuniversität, mit exzellenten Examina absolvierte, der schon als Vorstandsassistent startete und unternehmensweit gefeierter Topmanager war: »Da hat Ihr Vater also nicht studiert?« Was

CEO-TIPP Die Trennlinie zwischen operativ verantwortlichen Unternehmenslenkern und beratenden internen und externen Personalverantwortlichen scheidet auch die unterschiedlichen Interviewstile: Beide Seiten werden maßgeblich von ihren Interessen und ihrem Erfahrungshintergrund geprägt.

bitte schön bezweckt diese Frage? Was erfährt er durch deren Beantwortung? Das bleibt wohl sein Geheimnis. Der Verdacht drängt sich auf, dass das, was Peter Paul fragt, mehr über Peter aussagt als die Antwort Pauls über Paul. Auf so eine Frage, die eher die gefühlte Unterlegenheit des Interviewers verrät, wäre ein Entscheider wohl kaum gekommen.

Das heißt nicht, dass Personalverantwortliche nicht wunderbare, reflektierte Fragen stellen können, die auch den Bewerber persönlich weiterbringen. Ich selbst erinnere mich an zwei Executive-Search-Berater, wahre Lichtgestalten, die mit ihren klugen Fragen mir neue, wertvolle Einblicke in meine Person und damit auch Karriereoptionen gewährt haben, die ich bislang so nie gesehen hatte.

Wer schon viele Interviews geführt hat, wird meist zur selben Erkenntnis kommen: In – teilweise gemeinsam geführten – Gesprächen wird der operative Entscheider versuchen, die Erfolge aufzuspüren und herauszufinden, ob im neuen Unternehmensumfeld diese wieder nennenswert zu erzielen sein dürften, damit Aufgaben und Verantwortung besser erfüllt werden können. Der Personaler am Tisch wird die persönlichen und eher psychologischen Aspekte abklopfen wollen – Fachliches, von dem er naturgemäß weiter entfernt ist, aber nicht ansprechen, jedenfalls nicht im Beisein des Entscheiders.

Das sollten Sie vor Augen haben, wenn Sie sich vor dem Gespräch überlegen, was wohl die verschiedenen Funktionsträger von Ihnen wissen wollen und umgekehrt, wen Sie fragen müssen, wenn Sie bestimmtes über das Unternehmen in Erfahrung bringen wollen.

Zielgruppengerechte Bewerbungsinhalte: Executive Summary Ihres CV

Nun noch einmal zurück zu den Kurzdokumenten, die Sie an die Entscheider des Unternehmens, die Geschäftsführer oder Vorstände, gegebenenfalls auch an die Aufsichtsräte schicken. Schon die Reihenfolge, in der die beiden Kurzdokumente dem Anschreiben folgen, hat Signalwirkung. Sie fügen zuerst Ihrem Anschreiben die alterozentrierte ein- bis zweiseitige Übersicht über Ihre »Beiträge zum Unternehmenserfolg« bei und lassen dann erst die egozentrierte Executive-Summary-Version Ihres CV (S. 90) folgen. Die Reihenfolge ist natürlich schon Programm! Anders als in Hunderten Bewerbungsbüchern empfohlen, beginnen Sie nicht mit sich, Ihrer Person, woher Sie kommen, wohin Sie wollen, also mit Ihren Zielen und Interessen und so weiter, sondern mit denen Ihres Empfängers, Lesers, Zuhörers.

An sich ist diese konsequent am Interesse der Zielgruppe orientierte Sichtweise und deren Umsetzung im Reden, Schreiben und Handeln in der arbeitsteiligen Marktwirtschaft eine Selbstverständlichkeit! Es wäre nicht der Erwähnung wert, wenn nicht absurd häufig im »Arbeitsmarkt« genau das gegenteilige Verhalten angetroffen würde, die meisten Bewerber und eben auch C-Level-Manager sich noch genau andersherum verhielten: Sie beginnen und enden mit sich! Dass dem noch immer so ist, zeigt nur, wie stark das ganze Rekrutierungsverfahren von Personalern geprägt ist.

In unserer arbeitsteiligen Welt, unserer marktwirtschaftlichen Ordnung, arbeitet jeder Marktteilnehmer für andere und stellt den Nutzen dar, den er dem Käufer versprechen kann. Das ist nun wirklich eine Binsenweisheit – und doch scheint für den HR-dominierten Arbeitsmarkt nicht zu gelten, was etwa im Konsum- oder Investitionsgütermarkt eine pure Selbstverständlichkeit ist. Dort gelten die Prinzipien der Werbung und der Logik: Nicht was ich will, stelle ich dar, trage ich zu Markte, sondern was meine Zielgruppe will, Also spreche ich nicht über mich und meine Ziele, sondern über die meiner Leser oder meiner Käufer. Das ist so selbstverständlich, dass man darüber gar nicht mehr nachdenkt. Oder können Sie sich etwa vorstellen, Audi, BMW oder Mercedes, gerne auch Apple, Samsung oder Nokia würden mit ihren eigenen

CEO-TIPP Es ist an der Zeit, die normalen und selbstverständlichen Grundsätze, die für alle anderen Märkte gelten, auch auf den Arbeitsmarkt der Manager anzuwenden: Welchen Nutzen habe ich vom Angebot?

Interessen Kunden binden oder neue gewinnen wollen? Mit ihren unternehmerischen Interessen? Ja, das würde bedeuten, all diese Firmen würden Werbespots drehen, Anzeigen schalten oder Mailings verschicken, in denen sie zuerst dem Zuschauer oder Leser mitteilten, er wolle doch sicher auch noch in fünf oder zehn Jahren die exzellenten Produkte dieser Firma kaufen und nutzen wollen und daher, bitte schön, möge er doch jetzt erneut oder erstmals einen Pkw oder Lkw von Daimler erwerben oder ein Smartphone von Samsung. Denn ohne heute erzielte Umsätze könne heute und morgen keine gute F-&-E-Arbeit gemacht werden, und übermorgen könnten Sie Ihr geliebtes iPhone oder Ihren so geschätzten 5er BMW nicht mehr erwerben, weil Ihr Lieferant leider nicht mehr am Markt ist.

Klar, dass das absurd ist, solche Gedankenverrenkungen mutet in der arbeitsteiligen Gesellschaft niemand seinem Abnehmer zu – nur auf dem Markt der Manager wollen scheinbar noch immer manche Unternehmen hören, warum Sie eine bestimmte Position anstreben und glauben, dafür geeignet zu sein, statt einfach zu sagen, was das Unternehmen davon hat, wenn Sie für es arbeiten würden. Die Unternehmen wollen angeblich lieber hören, warum es gut ist, Sie einzustellen, damit Sie mittels des eigentlich nur Sie interessierenden nächsten und übernächsten »Karriereschritts« so nebenbei die Zukunft des Unternehmens langfristig sichern. Audi, Mercedes, Apple und Sony sprechen nicht von ihren eigenen Zielen und ihrem eigenen Nutzen, den sie vom Verkauf ihrer Produkte an ihre Kunden haben, logisch, sie sprechen nur von dem, was Sie als potenzieller Kunde vom Kauf haben. Und natürlich, gewissermaßen am Ende der Nutzenargumentation, führen Daimler oder Apple an, dass es sic schon seit 1883 gibt oder dass sie 1976 gegründet wurden, weltweit vertreten sind und so weiter und so fort. Kurzum, wenn man schon so lange im jeweiligen Markt existiert und Millionen Kunden hat, bietet man relative Sicherheit für die Zukunft und wird wohl auch vieles richtig gemacht haben. Stimmt.

Das machen Sie am besten genauso: Ihre Executive-Summary-Version Ihres CV wird nach dem Nutzenversprechen, der Übersicht über Ihre Beiträge zum Unternehmenserfolg, beigelegt und schafft Vertrauen, zeigt, wer hinter den Erfolgen steht, bei welchen Unternehmen genau er welche Funktionen innehatte, welche Verantwortung er getragen hat, dass er studiert hat oder eine Lehre gemacht hat, spezifische Auslandserfahrung hat und so weiter und so fort.

Es ist schon erstaunlich, dass diese Selbstverständlichkeit der Marktwirtschaft allenthalben bei der Managerdarstellung ignoriert wird. Umso mehr, als die Berücksichtigung dieser Grundsätze der arbeitsteiligen Gesellschaft zu sehr guten Ergebnissen führt, weil durch Übernahme der überall sonst gebräuchlichen Inhalte genau die Interessenslage der Empfänger viel besser als bislang berücksichtigt wird.

KISS vs. »Mehr kann auch besser sein!«

KISS, »In der Kürze liegt die Würze!«, »Alles Überflüssige ist falsch!« – und was gibt es nicht noch alles an Weisheiten mit ähnlicher Aussage. Eine gebräuchliche Übersetzung lautet: »Keep it simple, Sir!« Recht haben sie, diese Bonmots!

Manchmal aber auch nicht. Jedenfalls dann nicht, wenn die begreiflich zu machenden Inhalte eines Textes eine Komplexität erreichen, die einfach Raum erfordern, um sie angemessen darstellen zu können. Schließlich ist das mit Abstand Komplexeste, was uns Menschen bekannt ist, der Mensch selbst! Eine allzu einschneidende Reduktion des Textes führt bei der Darstellung eines Menschen zu großen Einbußen, die zwangsläufig das Ziel einer Bewerbungsschrift gefährden, überhaupt noch verständlich und angemessen beim Adressaten anzukommen.

Lassen Sie sich daher nicht irritieren von verbreiteten Behauptungen, Ihre Bewerbungsunterlagen dürften alles Mögliche sein, Hauptsache kurz! Nicht wenige behaupten, ein CV dürfe maximal zwei Seiten lang sein – aber Vorsicht, dieser Ratschlag geht auf Ihre Kosten!

Orientieren Sie sich mit Verstand an zweierlei: An der Logik der vielen KISS-Formeln *und* an Popper. Denn der Begründer des Kritischen Rationalismus, Karl Raimund Popper, erkannte klar und treffend und formulierte in seiner unnachahmlichen Weise: »Wer's nicht einfach und klar sagen kann, der soll schweigen und weiterarbeiten, bis er's klar sagen kann.«

Weiblich, ledig, jung sucht ...

Einfach und klar, nicht kompliziert und verschnörkelt. Einfach und klar heißt aber nicht unbedingt kurz und klar. Bisweilen ist es sowohl informativer als auch emotional überzeugender, Dinge, die kurz gesagt werden könnten, aufzusplitten in ihre Bestandteile. Ein Beispiel mag dies verdeutlichen: Es gibt manch erhellende Analogie zwischen der Suche nach einer neuen beruflichen Aufgabe und der nach einem Lebenspartner. Schriftlich wie mündlich. In Heirats- oder Bekanntschaftsanzeigen findet sich häufig ein arg reduzierter Einstieg, etwa: »Sie, 23, sucht ihn.« Das ist Minimalismus und reizt in keiner Weise zu antworten. Als noch viele Annoncen geschaltet wurden, hatte das nur kostenmäßig einen Vorteil, weil nach Zeilen oder Worten abgerechnet wurde. »Sie, 23, sucht ihn« lässt sich aber mit wenigen Worten ganz erheblich in der Anziehungskraft und damit in der Wirkung steigern. Man muss »die Sache« nur genauer beschreiben, noch nicht einmal blumig, nüchterne Sachlichkeit reicht völlig, und dennoch werden gewünschte Emotionen und Reaktionen ausgelöst. Dies gilt wohlgemerkt nicht nur für den Heiratsmarkt, sondern gleichermaßen für den Arbeitsmarkt.

Formulieren Sie »Sie, 23...« nur um in »Weiblich, ledig, jung ...«, und schon setzen Sie im Kopf des Lesers ganze Assoziationsketten in Gang. Dort laufen dann förmlich Filme ab und reizen zum Antworten. Denn »weiblich« ist immer attraktiv für Männer, »ledig« ist gut, denn sie ist ja offenbar allein und ansprechbar. Und »jung« ist sowieso gut; das steckt zwar auch in der Altersangabe »23«, aber hierbei handelt es sich lediglich um eine nüchterne Zahl wie 13 oder 43, zum Reiz wird erst die Übersetzung »jung«. Mit schlichtesten Mitteln und geringem Mehraufwand wird aus dem drögen »Sie, 23 ...« die anziehende Kette »Weiblich, ledig, jung ...«, drei – für suchende Männer – aufgeladene Begriffe, die zur Reaktion animieren. Dahingestellt bleiben kann, ob die ansprechbare Schöne wirklich schön ist oder sonst irgendwie attraktiv – davon schreibt sie ja auch nichts. Sie ist womöglich deutlich unterdurchschnittlich hübsch und womöglich etwas einfältig, »Weiblich, ledig, jung ...« ist sie dennoch – und das zieht zumindest textlich bei der Zielgruppe suchender Männer. Solch sachliches Beschreiben erzeugt also gleichwohl die erwünschte Wirkung.

CEO-TIPP Oft entfalten zutreffende, aber abstrakte Begriffe erst ihre volle Wirkung, wenn sie aufgefächert werden in ihre inhaltlichen Bestandteile: So, wie aus »Sie, 23, sucht ...« dann »Weiblich, ledig, jung sucht ...« wird und damit eine ganz andere emotionale Kraft und Anschaulichkeit ausgedrückt wird, wird aus dem sehr pauschalen »international« durch die Auffächerung in »Skandinavien, Südosteuroa sowie Middle East« etwas Konkretes, Anschauliches und Überzeugendes.

Wie gesagt, im Kopf des Lesers werden ganze Assoziationsketten ausgelöst, es laufen dort förmlich Filme ab. Apropos Film: *Weiblich, ledig, jung sucht ...* ist tatsächlich wortgenau ein Filmtitel – und die haben die Eigenheit, dass sie von Marketing- und PR-Profis formuliert werden. In diesem Psychothriller mit dem ernüchternden Originaltitel *Single, White, Female* sucht eine Frau per Zeitungsinserat eine Mitbewohnerin, macht sich aber offenbar dieselben Erkenntnisse zunutze, die hier aufgezeigt werden, um ihre Attraktivität und die Wirkung ihrer Anzeige zu erhöhen.

Emotionen und Assoziationen wecken

Dieses Prinzip des Auffächerns eines abstrakten Begriffs in konkretere Unterpunkte lässt sich wirkungsvoll auf Ihre Formulierungen übertragen – und bietet zusätzliche Informationen. Angenommen, Sie waren für ein Unternehmen global verantwortlich in einer bestimmten Funktion oder haben weltweit Erfahrung mit dem Aufbau von SAP. Das können Sie natürlich so hinschreiben. Aber der Begriff »weltweit« oder »international« ist etwas abgegriffen und vor

CEO-TIPP Der Weg zu anderen Menschen, egal ob im Gespräch, bei der Präsentation oder über eine schriftliche Darstellung, führt meist über das Ansprechen von Emotionen und damit über die Verwendung emotional besetzter Begriffe.

allem nicht anschaulich, nicht Emotionen und Vorstellungen auslösend und damit auch nicht so wirksam und informativ – aber platzsparend. Wirkungsvoller und informativer ist allemal: »auf fünf Kontinenten« oder »für EMEA, Asia Pacific und Amerika«. Denn das zeigt, dass zumindest bezogen auf Kontinente oder Märket Ihre Verantwortung allumfassend war, denn global wäre auch die Verantwortung für ein Unternehmen, das beispielsweise überall außer in Amerika vertreten ist. Gleiches gilt für europäische Verantwortung: Die kann man so einfach hinschreiben, Sie können sie aber auch aufsplitten in Skandinavien, Benelux, DACH, Osteuropa, GUS-Staaten, Südeuropa oder was eben jeweils zutrifft. Und bei jedem einzelnen dieser Begriffe gehen ganze Welten im Kopf auf, weil nun einmal die Skandinavier deutlich anders sind als die Schweizer oder die Osteuropäer, die Griechen, Italiener oder Spanier. Und da gibt es nicht nur erhebliche Mentalitätsunterschiede, sondern natürlich auch wirtschaftliche, rechtliche, marktbezogene und andere Eigenheiten. Demgegenüber ist »europäisch« kurz und knapp, aber dem Leser wird die Vielfalt Ihrer Erfahrungen nicht so deutlich, als wenn Sie den Sprung von Skandinavien über DACH und Südeuropa bis zum Balkan machen. Und informativer ist es auch.

Prinzip 3

Transparenz

»Wer's nicht einfach und klar sagen kann,
der soll schweigen und weiterarbeiten,
bis er's klar sagen kann.«

Karl Popper

Das Prinzip »Transparenz« ist das einzige Prinzip, das zwei Blickrichtungen aufweist: eine Innen- und eine Außensicht.

Transparenz nach innen	Transparenz nach außen
Reflektieren Sie über Ihre eigene Managerkarriere, Ihre Erfolge und was als nächste Position in Betracht kommen könnte.	Informieren Sie sich über Ihren ganz individuellen und aktuellen, den regionalen, bundesweiten oder internationalen Stellenmarkt – auch den verdeckten –, und machen Sie sich bewusst, was als nächste Position *tatsächlich* in Betracht kommt.
Voraussetzung: Klar strukturierte, wahre, eben transparente Bewerbungsdokumente.	*Voraussetzung:* Klar strukturierte, wahre, eben transparente Bewerbungsdokumente, denn nur diese erreichen die Adressaten wirksam.

Übersicht: Notwendigkeit und Vorteile von »Transparenz« für jede systematische Karriereentwicklung

Transparenz nach innen

Um eine gute Transparenz nach innen zu erlangen – zugleich um transparente, gut strukturiere Unterlagen für die Zielgruppen zu entwickeln, die zwingend erforderlich sind, um die Transparenz nach außen zu erlangen –, bedarf es präzise formulierter Beschreibungen dessen, was ist.

Liebe zum Detail

Ein geeigneter Ausgangspunkt ist die forensische Vernehmungspsychologie. Dieser Zweig der Wissenschaft weist nach, dass Detailgenauigkeit ein deutlicher Hinweis auf die Wahrheit einer Aussage ist. Der Klassiker unter den Marketingmanageraussagen »Marketingstrategie entwickelt und umgesetzt« ist weder detailgenau noch präzise. Das schafft keinerlei Vertrauen, sondern erweckt Argwohn. Denn es ist vorgestanzt wie vieles, das von beiden Seiten des Bewerbertisches hin- und hergereicht wird. Wenn Sie sich nicht die Mühe machen wollen, wirklich detailgetreu zu beschreiben, was ist, müssen Sie sich nicht wundern, dass Sie eine der besten Möglichkeiten verpassen, Vertrauen zu erzeugen: mit aussagefähigen Unterlagen.

Der Schlüssel »Detailgenauigkeit« der forensischen Vernehmungspsychologie passt übrigens auch auf die Werbung. Lesen Sie nur eines von unzähligen Beispielen, die Ihnen, wenn Sie künftig aufmerksam beobachten, täglich begegnen: Artikel des alltäglichen Bedarfs wie Akkusauger werden mit solcher Liebe zum Detail beschrieben, die nur Vertrauen in die Qualität des Produkts stiften kann. Erfahrene Marketingleute beschreiben ihre Produkte einfach präzise:

> »*Akkusauger:* besonders flexibel einsetzbar als Hand- oder Bodenstaubsauger. Für alle Böden geeignet. Funktioniert ohne Staubbeutel. Ausziehbares, in 19 Positionen arretierbares Teleskoprohr. Mit Fugendüse, Möbelbürste und abnehmbarer Teppich-Turbobürste mit Kippgelenk. Staubbehälter und Luftfilter abnehmbar und auswaschbar. Mit bodenschonenden Gummirollen. Inkl. Akkuladegerät und Rohrhalterung zur Wandbefestigung.«

Fazit: Je genauer der adressierten Person der Nutzen beschrieben wird, desto überzeugender wirkt der Text.

Welchen CV-Aufbau sollten Sie wählen?

Transparenz nach innen wird durch eine klare Struktur deutlich erhöht. Das Ordnungsprinzip von Lebensläufen ist die Zeit. Seit vielen Jahren absolut dominierend ist der aus dem angloamerikanischen kommende retrograd aufgebaute CV – im Gegensatz zum früher dominierenden zeitlich aufsteigenden CV. Auch wenn der retrograde CV absolut vorherrscht, hat er doch den Nachteil, dass er mit der letzten Station beginnt und sich Stück um Stück zurückentwickelt bis hin zum Beginn des Berufslebens und der Ausbildung. Da sich vieles sinnvoll erst erschließt, wenn der Leser die Grundlagen, also das zeitlich Vorausgehende, kennt, müsste er eigentlich von hinten nach vorne lesen oder ein zweites Mal in Kenntnis der ganzen Lebensgeschichte. Nicht wenige lassen sich nicht vom zeitlich retrograden Aufbau eines Lebenslaufs bestimmen und lesen von hinten. Der beim retrograden CV beabsichtigte Effekt, der Leser werde so wenigstens das Wichtigste – nämlich die letzte(n) Station(en) – mitbekommen, falls er den CV nicht komplett liest, ist einleuchtend. Das bringt aber mit sich, dass diese Leser, die sich auf das Neueste konzentrieren wollen, Wesentliches außer Acht lassen.

CEO-TIPP Bauen Sie Ihren CV retrograd – rückwärts-chronologisch – auf. Bei zeitlich aufsteigendem Aufbau würde er schon auf den ersten Blick veraltet wirken. Die aus dem retrograden Aufbau resultierenden Nachteile lassen sich mehr als ausgleichen durch nach sachlichen Kriterien geordnete, zusätzliche Executive-Summary-Versionen.

Unter Headhuntern und Executive-Search-Beratern ist die Ansicht verbreitet, es seien ohnehin nur die letzten fünf Jahre relevant – alles andere durch den schnellen Lauf der Zeit überholt. Das ist zum Teil richtig. In vielen Funktionen ist das Wissen permanent zu erneuern, sind laufend technische oder rechtliche Veränderungen zu berücksichtigen, und älteres Wissen erscheint obsolet. Tatsächlich lassen sich zum Beispiel mit besonderen Kenntnissen oder Erfolgen im Zusammenhang mit der Year-2000-Umstellung keine Trophäen gewinnen. Es gibt aber auch sehr viele Erfahrungen und Erfolge, die durch Zeitablauf nichts an Glanz einbüßen: Führungserfahrung etwa geht nicht dadurch verloren, dass die Zeit und mit ihr die Erkenntnisse voranschreiten. Angenommen, Sie waren in den letzten zwei oder drei Jahren in konzernübergreifender Stabsfunktion verantwortlich, mit naturgemäß kaum eigenen Mitarbeitern. Dann ist doch die vorausgegangene jahrelange Führungsverantwortung innerhalb eines Werkes oder eines Bereichs mit acht Direct Reports, mehreren Hierarchieebenen und Hunderten von Mitarbeitern nicht irrelevant, weil sie mehr als fünf Jahre zurückliegt. Relevanz bezieht sich nach unserer Überzeugung also auch auf die länger als fünf Jahre zurückliegende Zeit, weshalb retrograde CVs zu sehr unerwünschten Effekten führen können.

Uns persönlich sind mehrere Manager bekannt, die allesamt schon als 18-Jährige einen Abschluss an einer US-amerikanischen Highschool erworben haben. Manchmal liegt das Jahrzehnte zurück. Also irrelevant? Es ist unseres Erachtens sehr wohl ein Unterschied, ob Sie Ihre verhandlungssicheren Englischkenntnisse lediglich in einem »English speaking Environment« in Deutschland erworben haben oder eben mitten in Kalifornien oder New York. Aber so weit nach hinten im CV meinen ja die gehetzten Personaler und Manager nicht schauen zu müssen. Nicht zufällig wird seit vielen Jahren der CV ja retrograd aufgebaut: um keine Zeit mit scheinbaren Belanglosigkeiten aus früheren Jahren verschwenden zu müssen – zum Nachteil der Bewerber und der auswählenden Unternehmen.

Langversion und Executive Summary Ihres CV

Was ist zu tun? Wie können Sie dem zum eigenen Nutzen begegnen? Ganz einfach: Indem Sie die herkömmliche Struktur des CV aufbrechen. Indem Sie den Leser lenken und zusammenfassende Schwerpunkte bilden, statt langatmig alle Details Ihres langen Berufslebens rückwärts chronologisch auszubreiten. Denn das Leben eines 40- oder

50-jährigen C-Level-Managers ist nun einmal reichhaltig, ist bunt wie ein Wimmelbild. Wimmelbilder gibt es bereits seit Jahrhunderten: als deren Väter gelten unter anderem die weltberühmten Niederländer Hieronymus Bosch und der Renaissance-Maler Pieter Bruegel der Ältere. Für den Fall, dass Sie keine Wimmelbilderbücher kennen, vorsorglich eine kurze Erklärung: Auf diesen meist doppelseitigen Bildern wimmelt es von detailliert dargestellten Menschen, Tieren und Dingen, woraus sich der Name der Bilderbuchart ergibt. Innerhalb eines Bildes werden Dutzende kleiner Alltagsszenen dargestellt, die miteinander durch die gemeinsame Umgebung verbunden sind, wie zum Beispiel einen Zoo, eine Stadt oder einen Bauernhof.

CEO-TIPP Sagen Sie »wimmelbildartigen CVs« den Kampf an – setzen Sie stattdessen auf eine »unzeitgemäße« Struktur und bieten so dem Leser sinnvolle Orientierung!

Gleichermaßen verbindet der detaillierte und präzise CV mehrere Unternehmensstationen und eine meist noch größere Anzahl von Funktionsstationen in den einzelnen Unternehmen – miteinander verbunden lediglich durch die Vita eines einzigen Menschen, eben die Person des Managers, geordnet alleine nach dem Ablauf der Zeit. Und ein solches zeitlich »geordnetes« schriftliches Wimmelbild soll nun der Empfänger aufmerksam lesen. Das tut er nur ungern und daher meist nur sehr flüchtig.

Wie der landläufige CV also eine Aneinanderreihung von Stationen eines einzigen Managers ist, genauso ist das Wimmelbild eine Aneinanderreihung von Szenen. Alleiniges Ordnungskriterium des individuellen Lebens ist der Zeitrahmen, alleiniger Ordnungsrahmen des ebenfalls ein einziges Thema darstellenden Wimmelbildes ist der Bilderrahmen. Beiden gemeinsam ist eine große Unübersichtlichkeit. Denn beide Rahmen taugen nicht gut für eine klare Struktur: der zeitliche Ablauf so wenig wie der das Ende des Bildes markierende Bilderrahmen. Bei Kindern sind Wimmelbilder natürlich sehr beliebt, da es immer etwas zu entdecken gibt. Bei Managern und Entscheidern aber sind wimmelbildartige Lebens-

CEO-TIPP Die Zeit, der Ablauf der Zeit ist als Ordnungskriterium für die Gestaltung eines wirkungsvollen CV überwiegend ungeeignet. Unverzichtbar ist eine zeitliche Ordnung lediglich für die »Überschriften« der einzelnen beruflichen Stationen.

läufe allein aus Zeitgründen nicht beliebt. Darum lesen sie meist leicht gequält nur die ersten Stationen – sie würden klare Strukturen und Executive Summarys bevorzugen. Denn anders als Kinder wollen sie nichts »entdecken«, sondern sie wollen gut strukturiert informiert werden.

Was also ist zu tun, um der Sache Struktur und damit Transparenz zu verleihen? Zum Vorteil des Verfassers, der damit selbst Klarheit über sich und seinen Werdegang erhält und bessere Entscheidungen trifft, ebenso wie zum Vorteil des adressierten CV-Empfängers, der Transparenz über den Kandidaten erhält?

Fertigen Sie ein Executive Summary Ihres CV an – also eine entscheidungsvorbereitende Zusammenfassung Ihres Werdegangs! Zunächst erarbeiten Sie eine Langversion Ihres Lebenslaufs, der detailliert und zeitlich strukturiert Ihre Karriere nachzeichnet. Diese Version Ihres CV muss wirklich lang sein, wie das nachfolgende Beispiel von Sven Mühlacker zeigt (Seite 80). Denn auf den oft empfohlenen zwei- bis dreiseitigen CVs lassen sich mit der herkömmlichen, ausschließlich zeitlichen Struktur nie alle relevanten, für Sie sprechenden Punkte unterbringen. Es sei denn, man wechselt die Ordnungskriterien: Dann, und nur dann, reichen die für die Executive Summary typischen ein oder zwei Seiten. Dies veranschaulicht das Beispiel der Executive Summary des Lebenslaufs von Ralf Degenhardt, das Sie im Anschluss auf Seite 86 finden.

Statt nach zeitlichen Kriterien ist es sinnvoller, nach sachlichen Kriterien zu ordnen. Nehmen Sie also die einzelnen Punkte des langen, herkömmlichen CV aus dem zeitlichen Zusammenhang und geben Sie sie in einen sachlichen Zusammenhang. Alleine dies erlaubt, Einiges zu streichen und gleichsam zu kürzen. Wann Sie wie viele Mitarbeiter geführt haben und wie lange genau, ist nicht so wichtig. Interessanter ist, ob es zehn, 100 oder 1000 waren, wie viele Direct Reports Sie hatten, in wie

CEO-TIPP Lösen Sie die wichtigen Dinge aus dem zeitlichen Zusammenhang der mehrseitigen Langversion Ihres CV und geben sie in einen sachlichen Zusammenhang einer kürzeren, ein- oder zweiseitigen Executive-Summary-Version des CV. Genauso gestalten Sie einen ebenso kurzen, nach sachlichen Kriterien geordneten Überblick über Ihre Beiträge zum Unternehmenserfolg.

viele Führungsebenen sie unterteilt waren, ob sie zentral an einem oder an vielen, gar internationalen Standorten arbeiteten. Kurzum, wie komplex Ihre Führungserfahrung ist – und umgekehrt Ihre Berichtslinien. Da reichen vollkommen die maximalen Ausprägungen. All die anderen individuellen Ausgestaltungen – von Station zu Station, wie sie der Lang-CV zeigt – rauben dem Leser nur Zeit und Geduld.

Gleiches gilt etwa für Ihre Internationalität. Es ist eben doch wertvoll, Ihr Highschool-Jahr aus der Versenkung des Ausbildungsabschnitts am Ende des Lang-CV zu holen. Aber wann genau Sie 18 Monate in einem italienischen Werk Verantwortung trugen oder den Absatzmarkt in China mittels eines Joint Ventures aufbrachen oder EMEA-Chef waren, ist nicht wirklich so bedeutend. Die Hauptsache ist: Sie waren es oder haben es getan. Neben Führungsspanne, Berichtslinien und Internationalität lassen sich auch gewichtete Funktionsverantwortungen oder Erfahrungen in speziellen unternehmensinternen oder -externen Spannungsfeldern zusammenfassen. Auf einiges können Sie in einer Executive-Summary-Fassung ganz verzichten. Denn manch Erlebtes in einer Station ähnelt dem in ein oder zwei anderen Stationen und muss nicht jedes Mal leicht differenziert erneut dargestellt werden.

Diese knappe und gleichwohl alles Wesentliche berücksichtigende ein- bis zweiseitige Executive-Summary-Version Ihres Lang-CV ist die ideale Ergänzung zur Übersicht Ihrer Beiträge zum Unternehmenserfolg. Auch hier sollten Sie themenrelevant clustern. Denn so mancher Erfolgsbeitrag ähnelt einem oder gar mehreren, die Sie zuvor oder danach erzielt haben. Der Leser muss in der Regel nicht so genau wissen, wie oft Sie in exakt welcher Ausgestaltung einen ähnlichen Erfolg verbuchen konnten. Was zählt, ist der Erfolg an sich. Sie wählen Ihre eindrucksvollsten Erfolge aus und clustern nach Kategorien, die Ihnen sinnvoll erscheinen. Dabei wählen Sie Kategorieüberschriften, die dem Unternehmen Ihr Erreichen primärer oder sekundärer Unternehmensziele zeigen.

Diese Übersicht alterozentrischer Unternehmenserfolgsbeiträge gehört dem Adressaten zuerst vorgelegt (egal, ob Sie per Post versenden oder elektronisch). Erst als zweite Übersicht fügen Sie die eher

Sven Mühlacker

Dipl.-Ing. Maschinenbau

geboren am 19.04.1967 in Karlsruhe
45 Jahre, verheiratet, vier Kinder

Leiter Logistik/Supply Chain, Produktion, Produktionsplanung, Lean Production

Führungspersönlichkeit mit nachhaltigen Erfolgen im Optimieren der Logistik und Restrukturieren der Montage.

Stufenweise komplexere Logistik-Funktionen:
Build-to-Order, Produkt-, Prozess- und Fabrikgestaltung, Zentrale/Werke, Logistikplanung, Logistik-Projektleiter im Produkt-Neuanlauf, Disposition, Intralogistik und Gesamtlogistik.

Akzeptanz und Anerkennung in multinationalen Konzernen sowie in der engen Zusammenarbeit mit mittelständischen Unternehmen in Automotive und Maschinenbau.

In der Bohn 17 / 50193 Köln
Mobil: +49 172 937 1171 / s. muehlacker@aol.om

Seite 2 – CV Sven Mühlacker

Beruflicher Werdegang

07.2010 – heute **Ruhr Mining AG, Bochum**

Weltweit führender Hersteller von Bergbaumaschinen und Fördertechnik mit 11000 MA und 3,5 Mrd. € Umsatz und Tochterunternehmen der Urania Group (35000 MA, 7,5 Mrd. € Umsatz).
Urania ist mit den Marken Bechstein, Schnarr, Worcester, ATM, Sinetti und Regulas in mehr als 120 Ländern vertreten und Marktführer in Europa sowie weltweit die Nr. 2.
Übernahme durch US-Finanzinvestoren im Jahr 2008.

Bereichsleiter Logistik Fahrzeuge
180 MA, davon 6 Direct Reports, berichtend an den Werkleiter.
Verantwortlich für die logistischen Prozesse von der Programmplanung über Disposition, SCM und Logistikplanung bis zur Intralogistik.

Beiträge zum Geschäftserfolg

- *Steigern der Tagesstückzahl von 150 auf 170 Bohrmaschinen/Tag durch Initiieren und Leiten von Lieferantengesprächen (Task-Force, Eskalation) sowie Abstimmen von Sondermaßnahmen mit der Produktion.*
- *Reduzieren der internen Fehlteile um 30% in vier Monaten durch*
  - *Einrichten eines Logistikleitstandes,*
  - *Einführen von Prozess-Steuerungsboards,*
  - *Durchführen eines flächendeckenden Regal-Audits, einer Behälterinventur sowie der Regalscannung für C-Teile.*
- *Signifikantes Reduzieren des Lieferrückstands für das Weltersatzteillager durch Prozessoptimierung, MA-Schulung und MA-Qualifizierung sowie tägliches Controlling.*
- *Kostengünstiges Auffangen des Personalmehrbedarfs – ohne Langfristbindung! – durch temporäre Fremdvergabe einer Vormontage und befristete Einstellungen.*
- *Intensivieren der MA-Führung durch*
  - *Zusammenlegen von Produktion und Logistik für eine externe Vormontage.*
  - *Besetzen der Meisterfunktion in der Spätschicht durch Einführen eines Rotationsmodells auf Meisterebene.*

01.2004 – 06.2010 Premium-Automobil AG, Essen
Leiter Disposition und Produktionsversorgung
65 MA, davon 7 Direct Reports, berichtend an den Logistik-Leiter
Verantwortlich für die Intralogistik der 6 Kleinserienbaureihen (Y-Klasse, AKL RMG, Falkenau, Gisbert, Calingue, Brennstoffzelle) in 4 Montagegebäuden in 3 Arbeitszeitmodellen.
Projektleiter Logistik Y-Klasse und AKL RMG.

Beiträge zum Geschäftserfolg
mitarbeiterbezogen

- *Beschäftigungssicherung für 280 MA in der Finanzkrise durch Einführen einer hochprofitablen Kleinserie im Werk – im Anschluss an das Gewinnen des europäischen Standortwettbewerbs.*
- *Kostengünstiges Auffangen des Personalmehrbedarfs des AKL RMG durch Einsatz von Leiharbeitern sowie schnittstellenreduzierender Umorganisation.*
- *Flexible Personalanpassung infolge stark schwankender Marktnachfrage – Anlauf, Kammlinie, Finanzkrise, Facelift – der 6 Kleinserien-Baureihen.*
- *Intensivieren der MA-Führung durch Umsetzen eines neuen Führungsmodells: 2 Meister führen 4 Montagegebäude in 3 Arbeitszeitmodellen.*
- *Kontinuierliches Stabilisieren und Verbessern der Prozesse durch Aufbau eines Kennzahlensystems (KPI) zur Führung der Meister und MA sowie Einführen standardisierter Problemlöseprozesse und Prozesskontrollen mit Shopfloor-Management.*

prozessbezogen

- *Sicherstellen der Teileverfügbarkeit im Produkt-Neuanlauf u. a. durch Identifizieren und Stabilisieren kritischer Supply Chains durch gezielte Lieferantenaudits, Lieferantengespräche sowie Task-Forces.*
- *Gewährleisten des höchstmöglichen Reifegrades durch regelmäßige Lager-und Bandbereinigungen sowie zeitnahe Nacharbeits- und Sortieraktionen.*
- *Reduzieren der Fehlteile des externen Dienstleisters zur Warenkorbabwicklung um 94%.*

kostenbezogen

- (Über-)*planmäßige Effizienzsteigerung i. H. v. 8–10% p. a.*
  6 Jahre in Folge mit Erhöhen des Auslastungsgrads von 79% 2005 auf 91% 2009 durch konsequentes Lean-Management und Einbinden der Mitarbeiter in KVP-Workshops.
- *Erreichen ehrgeiziger konzernweiter Bestandsvorgaben durch Optimieren der Dispositionsparameter und permanentes Bestandscontrolling.*
- *Reduzieren der Logistikkosten der Y-Klasse um 19% zum Vorgängermodell durch erstmaliges Definieren und Umsetzen von Standards für die Intralogistik hochvarianter Kleinserienbaureihen u. a. durch Einführen der staplerarmen Bandversorgung und der abgriffsgerechten Materialbereitstellung im Minomi-Prinzip.*

02.2000 – 12.2003 Premium Automobil AG, Zentrale Produktionsplanung, Essen
Leiter Logistikplanung Z-Klasse
8 MA, berichtend an den Leiter Produktionsplanung Logistik
Verantwortlich für die logistikgerechte Produkt-, Prozess- und Fabrikgestaltung.
Projektleiter Logistikplanung Z-Klasse.

Beiträge zum Geschäftserfolg
Kosten

- *Erhöhen der Hallenkapazität der Z-Klasse um 30% und gleichzeitig Reduzieren der innerbetrieblichen Logistikkosten um 23% zum Vorgängermodell durch ganzheitliches Restrukturieren der Montagehalle.*
- *Reduzieren der Frachtkosten um 16% – jährliche Einsparungen i. H. v. 2,5 Mio. € – durch gesamtkostenorientierte Zusammenarbeit mit dem Einkauf.*
- *Steigerung der Effizienz und der Flexibilität durch Ansiedlung von 3 Lieferanten in Werksnähe als Leiter eines Industriepark-Projekts.*
- *Reduzieren der Herstellkosten um 196 €/Fahrzeug durch überzeugende Verhandlung anhand einer Make-or-buy-Gegenüberstellung: Komplexitätsreduzierung um 130 Teile sowie Freispielen von 1100 qm.*
- *Drastisches Reduzieren der Rohbaukarosserien von über 1300 auf 24 Varianten sowie Kostenreduzierung um 140 €/Fahrzeug durch Realisieren der »Perlenkette« als Leiter einer Projektgruppe aus Entwicklung, Produktion und Vertrieb.*

Standards

- *Benchmarking in USA, Europa und Japan u. a. mit Fikuma/Plexus (Japan) mit Analysieren der Effizienzunterschiede und Umsetzen der Best-practice-Maßnahmen.*
- *Idealtypisches Entwickeln der zukünftigen Werksstruktur und der »Greenfield-Montage« zur langfristigen Sicherung der Standorte.*
- *Erarbeiten und Abstimmen der Zusammenarbeit Zentrale/Werk und konkretes Ausgestalten der Planungsstandards wie z. B. Logistikstrategie, Premium Automobil Supply System, Automobil Produktionssystem (APS).*

07.1995 – 01.2000 **Premium Automobil AG, Produktvorplanung, Dortmund**
Strategischer Produktionsplaner
berichtend an den Leiter Vorplanung Gesamtfahrzeug
Verantwortlich für logistikgerechte Produktgestaltung und Vielfaltsmanagement.

Beiträge zum Geschäftserfolg

- *Deutliches Reduzieren der Herstellkosten um bis zu 12% durch Einsteuern einer logistikgerechten Produktgestaltung in der Entwicklung.*
- *Aufzeigen und Beherrschen der Auswirkungen der steigenden Komplexität u. a. mit Vielfaltskostensätzen für Variantenbewertungen als verantwortlicher Projektleiter:*
  - *Erarbeiten einer Richtlinie für den Teilkonzern und Schulen der MA.*
  - *Abschätzen der Potenziale zukünftiger Plattformstrategien für das Topmanagement.*
  - *Unternehmensvertreter in Automotive-Projekt »Optimal Level of Diversity« mit Automobilherstellern aus drei Kontinenten.*

09.1992 – 06.1995 **Premium Automobil AG, Essen**
Betriebsingenieur Fertigungssteuerung
berichtend an den Leiter Fahrzeugsteuerung

Beiträge zum Geschäftserfolg

- *Steigern der Liefertreue von 83% auf > 99% und Reduzieren der Herstellkosten i. H. v. 9,5 Mio. € p. a. durch nachhaltiges Erhöhen der Reihenfolgegüte.*
- *Transparenz im Fahrzeugfluss durch Konzeption und Einführung des Systems AVARI.*

04.1991 – 08.1992 **Premium Automobil, Essen**
Absolvent der Zentralen HSA-Gruppe (Trainee-Programm)
zur Vorbereitung auf eine Führungsaufgabe in Zentrale/Werk
Projekteinsätze in den Stammwerken Essen-Bochold und Dortmund sowie in Bilbao (Spanien).

Seite 6 – CV Sven Mühlacker

Ausbildung

1986 – 1991	**Studium Maschinenwesen an der Universität Aachen** **Hauptfächer:** Fabrikbetrieb und Steuerungstechnik **Abschluss:** Dipl.-Ing. **Note:** sehr gut

Diplom-/Studienarbeit sowie Praktika bei namhaften mittelständischen Unternehmen:

- Darmstädter Druckmaschinen AG, Darmstadt
- Adolf Kalb Maschinenfabrik, Bergbaumaschinen, 600 MA, Koblenz
- Högans Corporation, Traktoren, 900 MA, Vaasa, Finnland

Fremdsprachen

Englisch	Verhandlungssicher
Spanisch	Fließend (3 Monate in Spanien)
Französisch	5 Schuljahre

Fortbildung (Auszug)

- Executive Green Belt, Six Sigma, Shainin, Lean
- Führung (Advanced Executive Programm for Managers), Compliance
- Kalkulationsmethode Kaufteile, Logistikprozessanalyse, SAP R/3
- Kongresse zur Logistik in der Automobil- und Zulieferindustrie
- Arbeitssicherheit und Rechtsfragen (BGMS)

Veröffentlichung

Premium Automobil AG optimiert Y-Klasse-Logistik im Werk Essen-Bocholt (Titelthema in Zeitschrift »Logistik für Unternehmen«, 09.2004, Dr. Beitz, Mühlacker, Neumann)

Köln, im Februar 2013

Sven Mühlacker

Lebenslauf (Executive Summary)

Ralf Degenhardt, Diplom-Wirtschaftsingenieur
42 Jahre, verheiratet, eine Tochter

Business Unit Leiter, Direktor Supply-Chain-Management, Mitglied der Geschäftsleitung

Führungspersönlichkeit mit breit gefächerter Funktions-Erfahrung und fundierten umfassenden Management-Fähigkeiten, bewährt in agilen Unternehmen des Mittelstands und multinationalen Großkonzernen.

Nachhaltige Erfolge durch gemeinsames Aufspüren und Realisieren von Wachstums- und Expansionspotenzialen, umfassende Kostenreduzierungs-/Turn-Around-Programme, Produktionsverlagerungen nach Afrika und Osteuropa sowie erfolgreiche Neuausrichtung von Unternehmensstrukturen.

Akzeptanz und Anerkennung von C-Level/GF bis zur Fachebene, belegt mit erstklassigen Referenzen der bisherigen Arbeitgeber.

Marktführende Mittelstandsunternehmen und Konzerne

Gebr. Reinhard AG (D) Internationales, mittelständisches Unternehmen mit Konzernstruktur	**Direktor Supply-Chain-Management** *zugleich* **Mitglied des Executive Board**	2005 – heute
ScandicEuro AB (D) Teil eines global agierenden, börsennotierten (Euro Stoxx 50) Mischkonzerns	**Bereichsleiter Supply-Chain-Management**	2003 – 2005
La Machine Sàrl (F) Joint Venture zweier führender Stahlproduzenten	**Direktor Einkauf/Logistik**	2003
La Machine+Rademacher GmbH (D/F)	**Bereichsleiter Einkauf/Logistik** *zugleich* **Mitglied der Geschäftsleitung und BU-Leiter**	2000 – 2002
Rademacher GmbH (D)	**Leiter Materialwirtschaft**	2000
Gantenbrink GmbH (D) Tochterunternehmen der global agierenden Yanoti Gruppe	**Abteilungsleiter Disposition/Logistik**	1997 – 1999
	Leiter Vertriebsinnendienst	1997
	Controller	1995 – 1997

Komplexe Führungserfahrung und heterogene Berichtslinien

- Führungsspanne von 8 bis zu 170 MA, davon bis zu 6 Direct Reports (Abteilungs-/Teamleiter).
- Leitung inter-/nationaler Projektteams mit Beteiligung unterschiedlicher Funktionsbereiche.
- Steuern und Ausrichten von weltweit bis zu 28 Vertriebs- und Produktionseinheiten nach den unternehmensspezifischen Organisations- und Compliance-Richtlinien.
- Berichtend an Entscheidergremien: Vorstand, GF, Eigentümerfamilie.
- Konstruktive Auseinandersetzung mit Betriebsrat zur Umsetzung der Unternehmensziele, des Sozialplans u. a.

Bitte wenden

Erfahrung in unterschiedlichen Unternehmensphasen

- Von Aufbauphasen über Expansion und sprunghaften Wachstumsphasen bis hin zu Konsolidierung, Krisenbewältigung und Turn-Around mit anschließender, erneuter Expansion.
- Anpassen, Standardisieren bzw. Schaffen neuer Prozess- und Organisations-Strukturen bei Unternehmens-Integration, -Abspaltung, -Fusion, -Joint Venture, -Neuaufbau. Change Management von unterschiedlichen Unternehmenskulturen.

Internationale Verantwortung

- Produktionsverlagerungen, einschließlich Aufbau nachhaltiger SCM-Prozessstrukturen, nach Algerien, Rumänien und Indien.
- Entwickeln der globalen SCM Strategie und Umsetzung in 28 Organisationseinheiten auf 5 Kontinenten.
- Aufbau einer Einkaufsorganisation in Indien.
- Direkte Verantwortung für den Bereich SCM (Logistik, Einkauf) in UK, Ukraine und Belgien.
- Implementierung von ERP-Systemen in internationalen Projektteams.
- Lieferanten-Auswahl, -Qualifizierung und –Management in Europa mit Schwerpunkten in Benelux, Weiß-Russland, Frankreich, Dänemark, Spanien, Zypern, Österreich und Slowakei.
- Regelmäßige Managementteam-Meetings in UK, Italien, Rumänien und Spanien.

Gewichtete Funktions- und Führungserfahrung

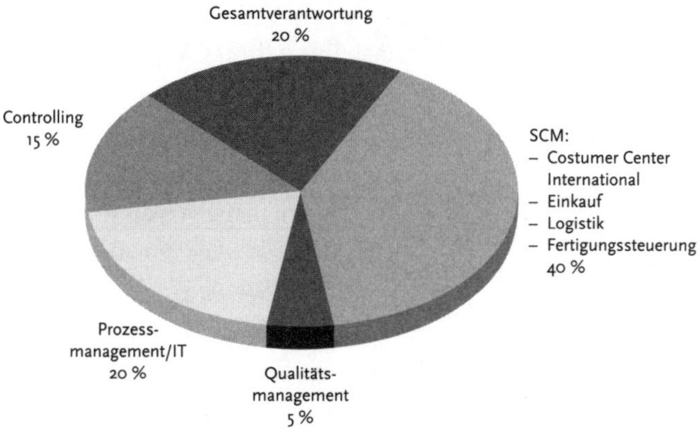

Kernhauser Landstraße 55 | 85580 Schradenstein
Mobil 0172 343 43 30 | E-Mail: ralf-degenhardt@t-online.de

egozentrische Executive-Summary-Version Ihres CV bei. Was wirklich letztendlich zählt, sind die Erfolge, die Sie für ein Unternehmen errungen haben. Daher stehen diese als entscheidender Nutzen und Türöffner vorne.

Die eher egozentrischen, mit Ihnen als Manager verbundenen Aus- und Fortbildungsgrundlagen, Kompetenzen oder Ähnliches sind »gut zu wissen«, schaffen durchaus zusätzliches Vertrauen und Glaubwürdigkeit, aber letzten Endes sind sie nicht so entscheidend. Daher empfiehlt es sich, gewissermaßen abschließend die Executive-Summary-Version des CV folgen zu lassen, die zeigt, dass es ihn wirklich gibt, diesen Manager, der genau diese Unternehmenserfolgsbeiträge errungen hat – ein Mensch aus Fleisch und Blut! –, wie das nachfolgende Beispiel von Wolfgang Meinhardt (Seite 90) zeigt.

Zusatznutzen

Diese gewissenhafte Zusammenstellung Ihres CV geht weit über das hinaus, was die allermeisten Manager schriftlich zusammenfassen und vorlegen. Ein sehr willkommener Nebeneffekt, den Sie auch nur durch diese akribische und schriftliche Arbeit erzielen können, ist, dass Sie Ihren beruflichen Werdegang wahrhaft »verinnerlicht« haben. Und »nur, was man verinnerlicht hat, kann man auch veräußern«. Diese Vorarbeit dient also verschiedenen Zwecken, die allesamt das Prinzip der Transparenz mit Leben erfüllen: Durch die Vorarbeit entwickeln Sie nicht nur Ihren transparenten »Verkaufsprospekt«, eher »Informationsprospekt«, den Sie den verschiedenen Zielgruppen zuschicken, sondern Sie entwickeln gleichsam automatisch Ihre Strategie und bereiten sich optimal auf die Gespräche vor. Denn wer sich derart intensiv mit seinem Schaffen und den Auswirkungen seines Wirkens beschäftigt, für den ist es ein Leichtes, auch mündlich gut zu formulieren, was er wie gemacht hat – und das in ansprechendem Deutsch.

CEO-TIPP Die akribische CV-Entwicklung ist die beste Vorbereitung auf das Bewerberinterview: Denn »nur, was man verinnerlicht hat, kann man auch veräußern«.

Transparenz nach außen

Viele Manager unterschiedlicher Hierarchieebenen erstellen vor einem Unternehmenswechsel Zielfirmenlisten. Das scheint vernünftig. Aufgrund eigener Kenntnisse und Recherche in der Wirtschafts- und Fachpresse, oft auch durch Beobachtung des offenen Stellenmarkts entsteht eine Liste sicher oder möglicherweise interessant geglaubter neuer Arbeitgeber von einem Dutzend oder vielleicht auch zwei Kandidaten.

Wenn diese Manager nun telefonisch unter Aufsagen ihres persönlichen 90-Sekunden-Spots bei diesen Unternehmen vorsprechen, also salopp gesagt ihr eingeübtes »Sprüchlein aufsagen«, haben sie dann Transparenz über die sich ihnen eröffnenden Vakanzen und Karrierechancen? Oder ist es besser, diesen Unternehmen ein kleines Booklet über ihren Werdegang, geheftet in einer Klemmmappe, zu schicken und – wiederum salopp gesagt – die jeweiligen Unternehmensverantwortlichen mit unverlangt vorgelegten Ausführungen zu ihrer Person zu behelligen?

Wen möchten Sie ansprechen?

Wir wissen nicht, was ungeeigneter ist. Für viele suchende Manager dürfte beides gleichermaßen ungeeignet bis unangenehm sein. Für manche mit »dickem Fell« ist das mündliche Ansprechen besser und eröffnet die Chance eines Dialogs. Es muss aber nicht schneller sein. Denn die Verantwortlichen an das Telefon zu bekommen setzt oft ein beharrlich wiederholtes und damit zeitaufwändiges Versuchen voraus. Zudem ist die Stimmung bei vielen unangemeldet angerufenen Entscheidern erfahrungsgemäß nicht unbedingt entspannt – wie gesagt, etwas für Menschen

CEO-TIPP »Wenn du zwei Möglichkeiten hast, dann wähle immer die dritte!« Die Weisheit dieses jüdischen Witzes heißt für Sie im Falle der Initiativbewerbung: »Zielgruppenkurzbewerbung« statt der scheinbar einzigen zwei Alternativen »unverlangtes Versenden einer ganzen Bewerbungsmappe« oder »Telefonanruf bei Vorstand oder Geschäftsführer«.

Lebenslauf (Executive Summary)

Wolfgang Meinhardt, Diplom-Kaufmann
46 Jahre, verheiratet, zwei Kinder

Geschäftsführer, General Manager, COO, Direktor

- Führungspersönlichkeit mit breit gefächerter Vertriebs-, Operations- und Strategieerfahrung
- Steuerung von komplexen Vertriebs- und Service-Organisationen
- Erfolgreich im Multi-Channel-Vertrieb mit bundesweiten Filialen, E-Commerce und Call-Centern
- Mehrfach ausgezeichnet für besten Kundenservice

Marktführende mittelständische Unternehmen und Konzerne

Warranty GmbH Benchmark für ausgezeichneten Kundenservice	**Director Operations (Vertrieb B2C)** **Mitglied der Geschäftsleitung** 1800 Mitarbeiter in 290 Filialen und Call-Centern	2009 – heute
Extania Gruppe – **Extania Deutschland GmbH** Marktführende Franchise-Organisation	**Geschäftsführer** **Vertrieb, Marketing & Einkauf** 650 Outlets, 1,3 Mrd. € Außenumsatz, 450 Mio. € Einkaufsvolumen	2005 – 2009
– **Extania Development SAS, Dijon (Frankreich)**	**Allein-Geschäftsführer (zeitgleich)** 19 Länder mit 1600 Outlets	2007 – 2009
RheinHamburg AG	**Geschäftsbereichsleiter »Neue Geschäftsfelder«**	2003 – 2005
Caltos Versand: relaxaton.com Joint Venture Caltos und MediaTrust	**Alleingeschäftsführer Start-up-Unternehmen** Aufbau eines innovativen Internetportals	2001 – 2003
Warberg Holding Fusionsphase zur RheinHamburg AG	**Zentralbereichsleiter Unternehmensprojekte** Bericht an den späteren CEO von Warberg Holding	1999 – 2001
Retail International Gruppe – **Delton AG**	**Leiter Marketing & Strategie** (35 Mio. € Budget)	1997 – 1999
	Leiter Franchising Vertrieb (180 Mio. € Umsatz)	1995 – 1997
– **Wertheim Holding AG**	**Inhouse Consultant** Strategische Unternehmensentwicklung	1993 – 1995

Komplexe Führungsverantwortung und heterogene Berichtslinien

- Führung von bis zu 1800 Mitarbeitern mit 8 Direct Reports über 5 Ebenen hinweg
- Steuern von Filial-, Franchise- und Verbundgruppenorganisationen
- Erfahren im konstruktiven Umgang mit Betriebsräten
- Organisation und Leitung von Großveranstaltungen mit über 1800 Teilnehmern
- Berichtslinie an Konzernvorstände, Geschäftsführer, Direktoren und Beiräte

Bitte wenden

Erprobt im Interessenausgleich

Verfolgte Ziele	Spannungsfelder im Unternehmen		
Serviceversprechen einhalten	Point of Sale/Filialen	⟷	Marketing
Operative Höchstleistungen	Permanente Leistungs-steigerungen	⟷	Mitarbeiterzufriedenheit
E-Commerce	Standardisierung Preise, Leistungsversprec hen	⟷	Differenzierung lokal, regional, national
Multi-Channel-Strategie	Effizienz Filialorganisation	⟷	Aufbau E-Commerce

Internationale Erfahrung

- Geschäftsführer einer europäischen Dachorganisation für 19 Länder mit Sitz in Dijon, Frankreich
- Aufbau von Vertriebsorganisationen in 12 mittel- und osteuropäischen Ländern
- Verhandlungen mit Lieferanten aus Südostasien und USA über strategische Kooperationen
- Expansionsprojekte für den skandinavischen Markt und Südeuropa
- Marktstudien zu Betriebstypen-Konzepten in den USA, Frankreich, UK und Spanien

Gewichtete Funktionsverantwortung

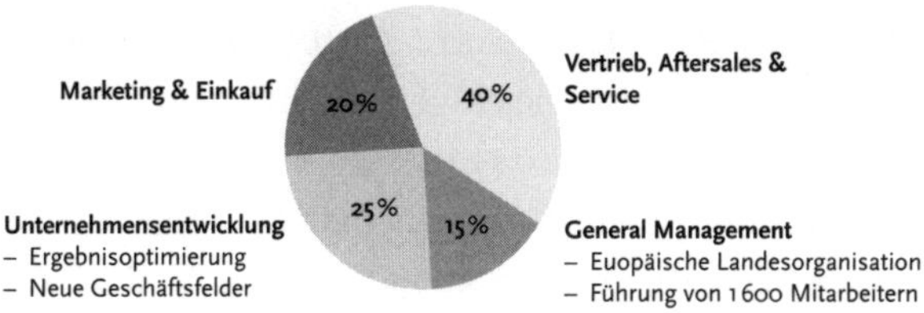

Fachvorträge und Awards

- Deutschlands kundenorientiertester Dienstleister 2008 und 2011 und Kundenchampion 2011
- Keynote Speaker International Customer Congress 2011 und Strategietage Schloss Harzburg 2012
- Vortragsredner u. a. Shell Symposium 2008, German Aftermarket Forum 2009

Zur Quelle 3 | 61476 Kronberg | Mobil: +49(0)172 9022 9133 | E-Mail: wolfgangmeinhardt@t-online.de mit dickerem Fell. Das Versenden ausführlicher Mappen ist nicht vielversprechender, zwar nicht so sehr mit riskantem persönlichem Einsatz verbunden, dafür aber häufig ohne jegliche Resonanz. Denn fein ziselierte Kompendien persönlicher Art sind nur mit erheblicherem Zeitaufwand einzuschätzen – der meist nicht erbracht wird.

Kurzum, diese andernorts »Initiativbewerbung« genannte Kaltakquisition hat drei Nachteile. Zum Ersten ist es anstrengend. Zum Zweiten ist die Resonanz vergleichsweise gering beziehungsweise die Grundlage der Reaktion ungenügend. Denn aufgrund eines 90-sekündigen Spots – und länger können die Anrufer meist nicht sprechen – lassen sich kaum stabile Einschätzungen abgeben. Die ausführlichen Bewerbungsdossiers werden erfahrungsgemäß allenfalls überflogen. Der dritte Nachteil ist freilich der allergrößte: Diese meist mit Fleiß erstellten »Zielfirmenlisten« stellen immer nur einen Bruchteil des Marktes dar, der für einen C-Level-Manager tatsächlich in Betracht kommt. Niemand kennt praktisch alle relevanten Marktteilnehmer – es sei denn, er arbeitet systematisch mit gut gepflegten Datenbanken. Diejenigen, die mit diesen Datenbanken arbeiten, erzielen »Zielunternehmenslisten« mit mehreren Hundert Adressen, reduzieren diese dann aber notgedrungen, da sie nicht Hunderte Unternehmen anrufen oder unverlangt hundertfach fingerdicke Dossiers in die Unternehmenswelt verschicken wollen.

Dieser dritte Nachteil der beachtlichen Marktunvollständigkeit wird nicht gemildert, indem wenigstens alle »relevanten« Zielfirmen angesprochen werden. Denn welche sind relevant? Welche Kriterien werden bei der scheinbar erforderlichen Reduzierung, der letztlich gültigen Auswahl zugrunde gelegt? Die Affinität zu einem Unternehmen! Das ist sehr fragwürdig. Wie entsteht diese? Woher kennen Sie das Unternehmen? Sicher nicht aufgrund dessen Website. Die wirklich entscheidungsrelevanten Kriterien für ein Unternehmen lassen sich naturgemäß erst bei persönlichen Gesprächen mit Entscheidern der Unternehmen ermitteln – sicher nicht durch Lektüre abstrakter, werbemäßig verfasster Selbsteinschätzungen auf Unternehmenswebsites oder deren Geschäftsberichte. Hinzu kommt, dass diese willkürliche, reduzierte Unternehmensauswahl die Chancen rein quantitativ einschränkt. Nur wenige Unternehmen, im unteren einstelligen

Prozentbereich, haben im selben vergleichsweise kurzen Zeitraum überhaupt eine entsprechende Aufgabe zu besetzen. Diese Reduktion auf ein oder zwei Dutzend Unternehmen, wo die Gesamtzielgruppe meist dreistellig ist, führt dazu, dass die allermeisten Unternehmen gar nicht auf Vakanzen geprüft werden, diese also leider niemals erfahren, dass Sie für eine gewisse Zeit »ansprechbar« waren!

Zielgruppenkurzbewerbung

Sie können die »Transparenz nach außen«, also den möglichst vollständigen Marktüberblick, welche nächsten Positionen für Sie aktuell und real greifbar sind, ziemlich umfassend herstellen. Allerdings nur mit der in diesem Buch beschriebenen oder einer vergleichbaren Zielgruppenkurzbewerbung. Nur mit ihr durchkämmen Sie den für Sie maßgeblichen Markt vollständig – einer Rasterfahndung gleich. Der für Sie relevante Markt wird so transparent: die verfügbaren, meist verdeckten Vakanzen zu einem bestimmten Zeitpunkt X bezogen auf eine bestimmte Region oder Land Y und in allen infrage kommenden Branchen oder Marktsegmenten Z. Das Ergebnis eines solchen Vorgehens beschrieb einer unserer Klienten in seiner Referenz: »Nach dem gezielten Selektieren und Anschreiben der Unternehmen konnte ich viele Erstgespräche führen. Aus diesen Gesprächen wurde für mich Schritt für Schritt klarer, welche Zielposition und welche Zielunternehmen am besten zu mir passen. So konnte ich mich dann auf einige wenige konzentrieren und eine Anstellung finden, die voll und ganz zu meinen Vorstellungen und Wünschen passt: Neben vielen anderen wichtigen Merkmalen ist es meine erste Geschäftsführerposition.«

CEO-TIPP Gut gemachte individuelle Zielgruppenkurzbewerbungen kommen einer Rasterfahndung gleich: Ihr gehen die allermeisten aktuell identifizierbaren Vakanzen »ins Netz«, die auf ein ganz bestimmtes, individuelles Managerprofil passen.

Fazit: Die Zielgruppenkurzbewerbung schicken Sie an alle für Sie infrage kommenden Unternehmen, deren Adressen und Ansprechpartner Sie meist Firmendatenbanken oder anderen verläss-

CEO-TIPP Transparente Zielgruppenkurzbewerbungen haben eine Trefferquote von bis zu 90 Prozent – das heißt aufgrund der Rückläufe lässt sich berechnen, dass bis zu 90 Prozent der Entscheider die kurzen Bewerbungsdokumente gesehen haben. Hiervon können polizeiliche Rasterfahndungen nur träumen.

lichen Datenquellen entnehmen können. Durch das individuelle Setzen und teilweise auch Hervorheben von Reizworten – die auf Ihre Erfolgsbeiträge Bezug nehmen – erzeugen Sie bei den Empfängern, deren Probleme und Herausforderungen Sie aufgrund dieser Erfolge besonders gut lösen können, auch besondere Resonanz. Sprich, es melden sich mehr derjenigen Unternehmen, die zu Ihrem Profil passen. Erfahrungsgemäß werden meist 70 Prozent der angeschriebenen Unternehmen direkt per Brief oder E-Mail antworten. In weiteren 20 Prozent der Unternehmen haben die Entscheider Ihre Informationen zwar gelesen, Ihre Unterlagen sind aber auf dem Weg durch das Unternehmen oder schon auf dem Schreibtisch des angeschriebenen Entscheiders hängen geblieben. In Summe haben Sie daher 90 Prozent aller für Sie aktuell relevanten Entscheider erreicht – eine wahrhaft engmaschige Rasterfahndung. Aus den Rückmeldungen resultieren dann entsprechend viele Erstgespräche, je nach Marktgängigkeit durchschnittlich zehn bis 20 – und am Ende können Sie fast immer zwischen mehreren Vertragsangeboten auswählen!

Direktmarketing: Das Anschreiben

Die Bedeutung des sogenannten Bewerbungsanschreibens ist angesichts der sehr transparenten und erfolgsbezogenen beigefügten Kurzdokumente nicht allzu groß. Alles Wichtige steht ja gut geordnet dort! Es kommt im Grunde nur darauf an, deutlich zu machen, an wen der Brief geht, wer ihn abschickt und kurz zu umreißen, was der Absender möchte. Einer unser Klienten meinte, als er unsere ganz speziellen Anschreiben las: »Aber das ist doch gar kein richtiges Bewerbungsschreiben. Da steht doch nur am Ende was von einem möglichen Gespräch.« In seinen Worten, seinem Blick und seinem Tonfall lag Skepsis, ob das funktionieren würde.

Der Praxistest der letzten Jahre hat bewiesen, dass es sehr gut funktioniert. Warum? Weil wir eben gerade nicht die »typischen Bausteine« der Standardbewerbungsanschreiben – in zahllosen Ratgebern und auch online nachlesbar – dem Empfänger zumuten. Schon als Executive-Search-Berater verstimmten mich die allermeisten Anschreiben zu den beigefügten CVs, die im »Anschreiben« ihre Schul- und Ausbildung sowie die einzelnen beruflichen Stationen aus dem CV in Prosa wiederholten. Wenn man als Executive-Search-Berater tagein, tagaus viele Anschreiben dieser Art gelesen hat, dann liest man die Anschreiben eben nicht mehr, weil sie nur Zeit stehlen. Als Manager wiederum haben wir die Anschreiben bald nicht mehr durchgelesen, weil der Bewerber »blumig« darlegte, warum er glaubt, für die Vakanz passend zu sein, warum er die in der Stellenanzeige aufgeführten Job-Description-Merkmale erfüllt. Fast alle wiederholten phantasielos den Text der Anzeige und belegten die Übereinstimmung lediglich mit den beruflichen Stationen.

Das Gefährlichste ist, wenn der Bewerber meint, in diesen gefällig im Erzählstil vorgetragenen »Lebenslauf-Anschreiben« Wichtiges untermischen zu müssen, all das, »was inhaltlich nicht in den angehängten CV passt«. Genau dieses Wichtige wird dann von den Personalern, Headhuntern und Geschäftsführern nicht wahrgenommen, weil das ganze Anschreiben wegen der umfassenden Wiederholungen erst gar nicht gelesen wird.

Flankiert werden diese Wiederholungen meist von ein paar »netten« Sätzen zum Unternehmen, warum dieses so toll ist und der Bewerber dort gerne arbeiten möchte. Wie toll und attraktiv es ist, weiß das Unternehmen selbst. Überflüssig, dass der Bewerber hierfür die passenden Argumente liefert. Manch einer schreibt dem Zielunternehmen sogar Eigenschaften zu, die dieses gar nicht haben möchte. Dass der Bewerber dort grundsätzlich gerne tätig werden möchte, versteht sich von selbst – grundsätzlich bedeutet, vorbehaltlich einer genauen Prüfung in den persönlichen Gesprächen.

Der dritte sinnlose Baustein sind Ausführungen wie »ich bin analytisch, strategisch, teamfähig, führungsstark« und so weiter. Deren mangelhafte Sinnhaftigkeit hatten wir bereits begründet. Unter dem Strich ist ein Standardbewerbungsschreiben dieser Art ohne Aussage, Attraktivität und damit Wirkung. Mit diesem stereotypen Anschreiben ragen Sie aus dem Stapel von täglich eingehenden Bewerbungen sicher nicht heraus und werden bezüglich des Anschreibens auch nicht beachtet.

Insbesondere von einem C-Level-Manager erwartet ein Unternehmen zu Recht mehr als ideenloses Standardvorgehen und immer gleiche Worthülsen. Schon mit dem Anschreiben können Sie als souveräner, authentischer Manager mit Erfolgen, also auf Augenhöhe, auftreten. Das Anschreiben ist Ihre Eintrittskarte beim Adressaten!

Wirkungsvolle Anschreiben folgen daher den empirischen Erkenntnissen des Direktmarketings (vgl. Baron, Gaby, 2009). Sie richten sich an drei wichtigen Fragestellungen aus:

- An wen senden wir das Schreiben?
- Welche Botschaft wollen wir dem Empfänger vermitteln?
- Welches Verhalten wollen wir auslösen?

Die erste Frage ist die nach der adressierten Zielgruppe. Da das Anschreiben in identischer Formulierung an eine große Zahl von Unternehmen geht, muss diese Zielgruppe über gewisse gemeinsame Merkmale verfügen. Konkret bedeutet das für die Initiativbewerbung, dass die ausgewählten Unternehmen einen ähnlichen Bedarf aufgrund ihrer Branche, Strategien, Geschäftsmodelle, Produkte und/oder Unternehmensprozesse haben, auf den der Bewerber mit seinen erzielten Erfolgen passt und diesen beim Unternehmen deckt. Es kann durchaus sinnvoll sein, die Gesamtzielgruppe in Subzielgruppen zu untergliedern, um noch treffsicherer formulieren zu können. Viele unserer Klienten führen diese Differenzierung in den Anschreiben durch, um die Zielgruppen noch besser anzusprechen. Nur wenn die Zielgruppe in sich homogen hinsichtlich wichtiger Kriterien ist, kann der Bewerber die richtigen Argumente und sprachlichen Bilder wählen, um den Empfängern seiner Briefe das Gefühl zu vermitteln: »Der Manager ist für uns interessant.«

Damit sind wir bei der zweiten Frage, der nach der Botschaft. Was sollten Sie einem Unternehmenslenker mitteilen? Es sei noch mal gesagt: Wir schreiben *nicht* Personaler an, sondern Entscheider, also Unternehmenseigentümer, Vorstände, Geschäftsführer. Hier greifen wir auf eine wichtige Regel zu Kaufentscheidungen zurück: die AIDA-Formel. Letztlich entsprechen auch die Auswahl eines Bewerbers sowie die Auswahl eines Jobangebots einem Kaufprozess. Nach der AIDA-Formel durchläuft jeder Kunde vier Phasen, bevor er sich entscheidet.

- Attention (Aufmerksamkeit): Das Angebot ist verfügbar und kann wahrgenommen werden.
- Interest (Interesse): Das Angebot könnte mir einen Nutzen bieten.
- Desire (Kaufwunsch): Das Angebot bietet mir einen Nutzen.
- Action (Kaufaktion): Der Nutzen ist größer als die Investition.

Erst wenn der Adressat – also der Unternehmenseigentümer, Vorstand, Geschäftsführer – überzeugt ist, dass er einen tatsächlichen Nutzen bekommen kann, wird er sich mit dem Bewerber näher befassen. Ihr Anschreiben muss also idealerweise die drei Stufen Attention, Interest und Desire erfüllen, damit es zur vierten Stufe kommt.

Wie muss ein solch wirksames Anschreiben aussehen, aufgebaut und formuliert sein? Die erste Hürde ist: Der Empfänger muss den Brief öffnen. Klingt banal, ist aber unerlässlich und nicht automatisch der Fall. So ist es wichtig, dass der Brief nicht auf den ersten Blick als standardisierter Brief zu erkennen ist. Die Verwendung einer echten Briefmarke ist eine Maßnahme hierfür. Uns ist der Fall eines großen Unternehmens bekannt, das eine groß angelegte Direktmarketingaktion bei der Versendung in drei Chargen aufgeteilt hat: Ein Drittel der Briefe ging mit »richtiger« 58-Cent-Briefmarke raus, ein Drittel mit der günstigen Info-Post-Briefmarke und das letzte Drittel mit einem aufgedruckten Info-Post-Stempel. Das Mailing forderte die Adressaten auf, sich bei Interesse am Produkt telefonisch zu melden. Das Ergebnis war eindeutig. Das Interesse war bei der Gruppe eindeutig am größten, die die Post mit echter 55-Cent-Briefmarke erhalten hatte. Am schlechtesten schnitten die Mailings mit Info-Post-Stempel ab.

Eine zweite Maßnahme, das Ziel des Brieföffnens zu erreichen, ist die Adressierung als »Persönlich/Vertraulich«. Solche Briefe dürfen nur vom Empfänger selbst oder seiner dazu legitimierten Assistentin beziehungsweise Sekretärin geöffnet werden. Die Briefe können also nicht einfach in der Poststelle woandershin delegiert oder vom Praktikanten gelesen werden.

Liegt der Brief dem Adressaten dann vor, kommt die Sekunde der Wahrheit. Denn in Sekundenbruchteilen entscheidet sich, ob der Empfänger Ihren Brief liest. Dabei überfliegen seine Augen das Schreiben wie ein Scanner, auf der Suche nach Hinweisen für »ist interessant oder nicht«.

Wie dieser Scan- beziehungsweise Entscheidungsprozess abläuft, lässt sich mit Augenkameras ermitteln. Diese zeigen, wohin der Leser in welcher Reihenfolge sieht und wie lange sein Blick an bestimmten Punkten verweilt. Meist fällt der erste Blick des Betrachters auf den Absender: Wer schreibt mir? Da er Sie weder als Bewerber noch als Geschäftspartner kennt, Sie also auch nicht negativ »abgespeichert« hat, wird er weiter scannen. Als Nächstes wandern seine Augen zum Betreff beziehungsweise zur Überschrift, sodass diese von besonderer Relevanz für das weitere Interesse des Lesers ist. Diese Betreffzeile ist bei unseren Anschreiben drei- bis vierzeilig und fasst präzise Ihre bisherigen Funktionen, Ihr Alter und Ihre wichtigsten Nutzen zusammen. Ein konkretes Beispiel wäre:

> Geschäftsführer, General Manager, COO, Führungspersönlichkeit, 47, mit erstklassigen Referenzen und nachhaltigen Erfolgen in Retail-, Service- und Multi-Channel-Organisationen.

Nach dem Lesen dieser Betreffzeile entscheidet der Empfänger erneut: Interessant für mich oder nicht? Deshalb sollte bereits im Betreff ein Nutzen für den Empfänger und das Unternehmen stehen.

Anschließend überprüft der Leser die Anrede: »Meint der Absender tatsächlich mich?« Daher sollte die Briefanrede – neben der persönlich-vertraulichen Adressierung – immer persönlich sein und niemals »Sehr geehrte Damen und Herren« lauten. Nach Absender, Betreff und Anrede scannt der Empfänger in Sekundenbruchteilen den eigentlichen Text. Sein Blick bleibt dabei an optischen Haltepunkten, zum Beispiel fett oder kursiv geschriebenen Worten oder Aufzählungspunkten, hängen. Dabei darf das Schriftbild nicht allzu unruhig sein, denn das erschwert das Lesen. Auf Spielereien wie den Einsatz verschiedener Schriftarten und Buchstabengrößen – außer in dem Betreff – sollten Sie auf jeden Fall verzichten.

Der Inhalt des Textes muss eindeutig einen Nutzen für den Adressaten darstellen. Daher beginnen unsere Anschreiben mit einem zur Zielgruppe *und* dem Bewerber passenden Statement hinsichtlich Unternehmensführung, Strategieumsetzung, Sanierung, Vertriebsoptimierung oder ähnlichen Themen. Wir holen den Adressaten in seiner tatsächlichen Unternehmenssituation und seinem potenziellen Bedarf ab. Dann zeigen wir in drei bis vier knappen Schlagwortsätzen, wie der Bewerber in solchen Unternehmenssituationen zum Erfolg seiner bisherigen Arbeitgeber beigetragen hat. Wir beweisen also, dass er schon andernorts Nutzen gestiftet hat und daher auch dem angeschriebenen Unternehmen Nutzen bringen kann (Interest und Desire). Abschließend weisen wir darauf hin, dass sich der Bewerber in der nächsten Zeit beruflich neu orientieren wird und gerne für ein Gespräch und weitere Informationen (insbesondere den langen CV) zur Verfügung steht (Attention). Damit bringen Sie eine klare Botschaft zum Empfänger: Ich bringe bewiesenermaßen Nutzen und bin am Markt verfügbar! Dies verdeutlichen die beiden nachfolgenden Beispiele von Wolfgang Meinhardt und Ralf Degenhardt (Seiten 100 und 101).

Bei allen persönlichen Symbolen und Merkmalen: Der Brief soll dennoch als Serienbrief, also an mehrere Adressaten gehend, erkennbar sein. Damit setzen Sie ein wichtiges Signal: Ich bin am Markt und mit meinem Qualifikationsprofil und meinen Erfolgen für viele Unternehmen interessant. Sie setzen den Adressaten also ein wenig in Zugzwang, sich die Chance auf Ihre Mitarbeit zeitnah zu sichern. Das sichert Ihnen Souveränität und Augenhöhe.

Abschließend geht übrigens der Blick des Lesers zur Unterschrift. Die sollte Vorname und Zuname enthalten und von Hand geschrieben sein – am besten in blau, um sich vom gedruckten Text abzu-

WOLFGANG MEINHARDT

Wolfgang Meinhardt | Zur Quelle 3 | 61476 Kronberg

Persönlich/Vertraulich

Herrn Dr. Bernd Schmitz

Fidelitas Retail AG

Sonnenallee 17

11459 Berlin

23. März 2013

Geschäftsführer, General Manager, COO
Führungspersönlichkeit, 46, mit erstklassigen Referenzen und nachhaltigen Erfolgen in Retail-, Service- und Multi-Channel-Organisationen

Sehr geehrter Herr Dr. Schmitz,

profitables Wachstum erfordert mehr als eindimensionales Management!

Die beigefügten Dokumente illustrieren, wie ich Jahr für Jahr ein komplexes Unternehmensgeschehen wieder und wieder optimiert habe: In einer perfekten Umsetzungsorganisation konnten die operativen Mitarbeiter immer wieder selbstmotiviert ihr volles Potenzial für anhaltende Kundenbegeisterung ausschöpfen.

Diese Art von Leadership ist eine meiner Kernfähigkeiten. Auf Basis eines durchdachten und erprobten Geschäftsmodells erreichte ich so jährliche Leistungssteigerungen, wo Verbesserungen nicht mehr möglich schienen:

- Profitwachstum von über 10 % p. a. durch eine flexible, an Wachstum und Saisonverlauf ausgerichtete Filialorganisation in Verbindung mit erhöhter Filialproduktivität.
- Erfolgreiche und zügige Integration vormals konkurrierender Unternehmen mit anschließendem Umsatzwachstum von 20 % und Erreichen der Marktführerschaft.
- Jährlicher Ausbau der Marktführerschaft in der »Disziplin Kundenbegeisterung« auf einen internationalen Spitzenwert (NPS 77) bei gleichzeitig größerer Vertriebseffizienz.

Ich werde mich in den nächsten Monaten beruflich neu orientieren. Interessiert Sie ein Gedankenaustausch über eine mögliche Zusammenarbeit – dann würde ich mich über einen Gesprächstermin mit Ihnen sehr freuen.

Ihrer Antwort sehe ich mit besonderem Interesse entgegen.

Mit freundlicher Empfehlung

Anlagen

Zur Quelle 3 | 61476 Kronberg | Mobil: +49(0)172 90229133 | E-Mail: wolfgangmeinhardt@t-online.de

Ralf Degenhardt

Ralf Degenhardt | Kernhauser Landstr. 55 | 85580 Schradenstein

Persönlich/Vertraulich
Herrn Friedhelm Neuer
Satinas AG
Wilhelm-Reber-Straße 231
81911 München

23. März 2013

Business Unit Leiter, Direktor Supply-Chain-Management, 42 J.,
Mitglied der Geschäftsleitung/-führung
Führungspersönlichkeit mit breit gefächerter Funktions-Erfahrung und fundierten, umfassenden Management-Fähigkeiten, bewährt in agilen Unternehmen des Mittelstands und multinationalen Großkonzernen

Sehr geehrter Herr Neuer,

in Krisenzeiten bestehen nur wettbewerbsfähige Unternehmen. Konsequent funktionsübergreifendes Denken und Handeln – **vom Vertrieb über Produktion bis zur Auslieferung an den Kunden** – verbessert die Kundenzufriedenheit und schafft die Voraussetzung für ein stringentes Kosten-Management.

Mit diesem Managementverständnis erzielte ich u. a. folgende Ergebnisse:

- **Reduzierung der Durchlaufzeiten** um insgesamt 60 % sowie der **Liegezeiten** um 70 % durch kontinuierliche Verbesserung (= KVP) aller SCM-Prozesse.
- **Profitable Umsatzsteigerung** von gut 12 % jährlich mit einem DAX-Unternehmen und Weltmarktführer – belegt durch die begehrte Auszeichnung »SUPPLIER OF THE YEAR«.
- Systematische Reduzierung der Herstellkosten für ausgewählte Produkte um bis zu 40 % durch Einsatz von interdisziplinären **Wertanalyse-Teams**.
- Nachhaltige Reduzierung der Herstellkosten i. H. v. 5 Mio. € jährlich als gesamtverantwortlicher Projektleiter erzielt durch **Produktionsverlagerungen in Niedriglohnländer.**

In nächster Zeit werde ich mich beruflich neu orientieren. Daher würde ich mich über einen Gesprächstermin bei Ihnen oder einem verantwortlichen Entscheider sehr freuen. Vorbereitend hierzu übersende ich Ihnen auf Wunsch gerne meine ausführlichen Bewerbungsunterlagen.

Mit freundlicher Empfehlung

Anlagen

Kernhauser Landstraße 55 | 85580 Schradenstein
Mobil: 0172 343 43 30 | E-Mail: ralf-degenhardt@t-online.de

heben, und mit nicht zu dünn schreibendem Filzstift oder Füllfederhalter. Selbst die beste eingescannte Unterschrift ist als solche erkennbar und signalisiert damit etwas Unpersönliches. Der ganze Scan- beziehungsweise Entscheidungsprozess, ob Ihre weiteren Unterlagen und damit Sie selbst für den Empfänger von Interesse sind, erfolgt in wenigen Sekunden.

Damit kommen wir zur dritten Ausgangsfrage: Welches Verhalten wollen wir beim Empfänger auslösen? Ganz klar: eine Einladung zum Gespräch, wenn der C-Level-Manager grundsätzlich zum Unternehmen und einer »verdeckten« oder auch offenen Vakanz passt. Daher beenden wir das Schreiben mit einer Einladung zum Gespräch – im doppelten Sinne. Wortwörtlich genommen »freue ich mich über einen Gesprächstermin mit Ihnen oder einem anderen verantwortlichen Entscheider«, also über eine Einladung. Zugleich ist diese Formulierung auch eine Einladung an den Adressaten, einen interessanten Manager kennen zu lernen und einen Gedankenaustausch mit ihm zu führen. Also ganz auf Augenhöhe!

Der Versand

Noch eine letzte Bemerkung zum Versand. Unsere Initiativbewerbungen gehen in einem DIN-lang-Umschlag mit der echten 58-Cent-Briefmarke an die Adressaten. Im Umschlag enthalten sind das Anschreiben, die Beiträge zum Unternehmenserfolg und die Executive Summary – genau in dieser Reihenfolge. In Summe sind das drei Blätter mit maximal fünf bedruckten Seiten. Das Anschreiben darf nur einseitig, die beiden anderen Dokumente doppelseitig bedruckt sein.

Die Praxis zeigt, dass Sie in der Regel aufgrund genau dieser Unterlagen direkt zum Gespräch eingeladen werden. Nur ganz selten wird der lange CV angefordert. Die richtigen Inhalte auf wenigen Seiten zusammengefasst führen genau zum gewünschten Ziel: Der Empfänger hat in kürzester Zeit Ihren potenziellen Nutzen erkannt und lädt Sie zum Gespräch!

Mit umfassender Transparenz für das richtige neue Unternehmen entscheiden

Das »berühmte Psychologen-Duo« Kitz und Tusch – so apostrophierte sie der SWR Anfang 2012 in einem Interview – hat den verdienten *Spiegel*-Bestseller *Das Frustjobkillerbuch* verfasst. Dort behaupten die Psychologen, es sei »egal, für wen Sie arbeiten« (Kitz/Tusch, 2008). Das ist etwa zur Hälfte zutreffend. Etwas Lebens- und Berufserfahrung genügen, um zu erkennen, dass tatsächlich manche Menschen, manche Arbeitnehmer und auch manche C-Level-Manager den Grund ihrer Unzufriedenheit »zwischen ihren Ohren« lokalisieren können. Sie selbst sind es, die nicht von kaum erfüllbaren Wunschträumen lassen können oder maßgeblich selbst zur Unzufriedenheit durch ihre Person beitragen, weil sie sich durch unveränderliches Verhalten stets aufs Neue die Probleme selbst schaffen. Denn wo auch immer sie hingehen, werden sie sich selbst mitnehmen. Sie kämpfen daher stets erneut gegen sich oder werden mit immer wieder ähnlichen Herausforderungen oder »Unannehmlichkeiten« konfrontiert werden. Vielen Dingen kann man nur schwer in der Wirtschaft entgehen, beispielsweise Key Performance Indicators, die selbst in Anstalten des öffentlichen Rechts immer weiter verbreitet sind und keineswegs immer dazu beitragen, den unternehmensinternen Alltag aufzuheitern.

Die andere Hälfte dieser Kitz-Tusch'schen Erkenntnis ist nicht zutreffend. Auch hier genügen schon etwas Lebens- und Berufserfahrung. Zwei wichtige, beispielhaft herausgegriffene Differenzierungsmerkmale von Unternehmen, nämlich Eigentümerstruktur und Geschäftsmodell, belegen, dass es sehr wohl bedeutend ist – und keineswegs »egal« –, für wen Sie arbeiten!

Wenn Sie also durch Anwenden der hier beschriebenen Vorgehensweise in der komfortablen Situation sind, in einem überschaubar kurzem Zeitraum wirklich auswählen zu können, dann sollten Sie es wohlüberlegt tun – zum eigenen Nutzen und dem Ihres künftigen Arbeitnehmers. Es ist sehr wohl ein Unterschied, ob Sie für ein eigentümergeführtes oder ein von mehreren Familienmitgliedern geführtes Unternehmen arbeiten, für eine anonyme Aktiengesellschaft mit angestellten Managern und bestellten Organen oder für ein Unternehmen, das gerade im Eigentum eines Finanzinverstors steht. Die Unterschiede sind so offensichtlich und auf C-Level-Ebene auch bekannt, dass es hierzu keiner weiteren Erörterung bedarf.

Gleiches gilt sicher auch für die Marktstellung: Für einen Marktführer zu arbeiten ist anders, als für einen neuen Marktteilnehmer oder gar ein Unternehmen tätig zu sein, welches von jeher eine unbedeutende Marktstellung einnimmt. Unterschiedlich ist das Lebensgefühl in einem Unternehmen, das satte Gewinne einfährt, gegenüber einem, welches um das Überleben kämpft. Es ist fast zu banal, um beschrieben zu werden – diese Beispiele sollen nur verdeutlichen, dass der Luxus, auswählen zu können, sehr erstrebenswert ist. Denn all die vorstehenden, beispielhaften Unternehmensdifferenzierungsmerkmale sind in der Regel weder gut noch schlecht.

CEO-TIPP Unternehmen sind fast so unterschiedlich wie Menschen. So wenig, wie Sie die meisten heiraten würden, so wenig sinnvoll ist es, für die meisten Unternehmen arbeiten zu wollen. Es führt also kein Weg daran vorbei, mit einer respektablen Anzahl von Unternehmen Erstgespräche zu führen, um herauszubekommen, wer zu Ihnen passt: Nicht »Wer die Wahl hat, hat die Qual«, sondern »Nur wer die Wahl hat, hat keine Qual«.

Auch in ungünstigen Situationen lassen sich sehr befriedigende Erfolge erzielen, oft mehr als in komfortablen. Es ist alleine Ihren Wünschen, Zielen und Ihrem Managertypus zuzuschreiben, wofür Sie sich entscheiden. Nur hoffentlich können Sie sich entscheiden! Denn für einen bodenständigen Eigentümerunternehmer mit Gutsherrenmentalität zu arbeiten ist genauso unbefriedigend wie für einen weltumspannenden Konzern, wenn man genau der Typ für die andere Struktur ist. Erfolgreich kann man nur sein, wenn man sich dauerhaft wohlfühlt.

Einer unserer Klienten war sein Berufsleben lang bei einem der deutschen Premium-Automobilhersteller beschäftigt. Mit Ende 40 wechselte er das erste Mal die Unternehmung und ging zu einem koreanischen Automobilhersteller. Der Kulturschock hätte kaum größer sein können. Das hatte durchaus auch seinen Reiz – aber es brachte auch besondere Härten mit sich. Das muss man wollen.

Wichtig ist, dass Sie es vorher bedenken und in Ihre Auswahlentscheidung mit einbeziehen. Es ist offensichtlich, dass die gesamte Unternehmenskultur eines Premium-Anbieters oder auch des typischen mittelständischen Hidden Champions eine besondere ist: Jährlich innovative Höchstleistungen können nur in einem entsprechend freien Klima der Wertschätzung und Stimulans entstehen, zu der freilich auch Bereichsbudgets gehören, mit denen sich experimentieren lässt. Wer dagegen statt Innovator Kopierer ist, wer auf Preis- und damit Kostenführerschaft setzt, der kann sich üppige Budgets schlicht nicht leisten und wird auch eher eine auf Befehl und Gehorsam basierende Unternehmenskultur entwickeln und keine freie, die Kreativität fördernde. Der Einwand »Gespart wird doch überall!« ist zweifellos richtig. Auch der Premium-Hersteller wird laufend kostensenkende Restrukturierungen durchführen, aber ganz sicher in einer anderen Weise als der kopierende Kostensenker, dessen »Kunst« der Unternehmenssteuerung sich meist in »kontinuierlichen Kostensenkungsprozessen« erschöpft.

All dies wirkt sich auf die Unternehmenskultur aus, und all dies sollte der C-Level-Manager bei der Entscheidung für ein Unternehmen vor Augen haben. Unabhängig von unterschiedlichen Geschäftsmodellen, Eigentümerstrukturen und was sonst noch die Unternehmenskultur beeinflusst, gibt es eine Reihe schwerer identifizierbarer, meist psychologisch begründeter Unternehmenskulturunterschiede. Beispielhaft sei hier ein nicht selten anzutreffendes Phänomen skizziert: das Unternehmen, das den Elefanten im Zimmer nicht sieht! Der »elephant in the room« (ein Idiom aus dem Englischen) ist eine offensichtliche Tatsache, die jeder im Unternehmen kennt, aber alle verschweigen, dessen Ansprechen zumindest sozial sanktioniert wird. In Unternehmen mit vierteljährlicher Berichtspflicht für die Börse etwa werden gerade unter finanzoptimierenden Gesichtspunkten bisweilen in großem Stil Entscheidungen getroffen und umgesetzt, die geradezu schildbürgerähnlichen, jedenfalls hanebüchenen Charakter haben; Maßnahmen, die einem eigentümergeführten Unternehmen fremd wären. Solche Entscheidungen werden dann ohne Murren exekutiert, und ein Manager sollte sich in diesen Unternehmenskulturen hüten, den Elefanten anzusprechen, der da im Unternehmen spazieren geht. So etwas muss man mögen oder zumindest aushalten können. Die »Elefanten im Zimmer« sind aber nicht auf börsennotierte Unternehmen beschränkt, sie können auch in eigentümergeführten Unternehmen in Gestalt des Eigentümers selbst auftreten, dessen menschliche oder unmenschliche Marotten Manager eines besonderen Zuschnitts voraussetzen, die eben genau diese Marotten nie ansprechen würden. Solche Besonderheiten können auch ein Indiz für die Fehlerkultur und andere wichtige Unternehmensdifferenzierungsmerkmale sein.

Zusammengefasst finden Sie hier die fünf wesentlichen Vorteile, die diese größtmögliche Transparenz mit sich bringt, eine Transparenz, die nur mit dieser Methode erzielbar ist: nach außen über den an sich atomistischen und damit fast völlig unüberschaubaren Arbeitsmarkt und nach innen durch Schaffen der umfassendsten, sehr individuellen Entscheidungsgrundlage für C-Level-Manager:

- *Vakanzentransparenz über den individuellen »Arbeitsmarkt« (offener Stellenmarkt:* verdeckter Stellenmarkt = 20 Prozent : 80 Prozent) bezüglich aller zum Zeitpunkt X für ein bestimmtes Managerprofil Y im geografisch definierten Raum Z (regional, bundesweit, international) möglichen Managementvakanzen.
- *Gehaltstransparenz:* Ermitteln und vor allem Ausgleich einer möglichen Differenz zwischen internem und externem Wert eines Managers.
- *Alternativentransparenz:* Durchbrechen der Personalchef- und Headhunter-Grenzen, dadurch maximierte Wahlfreiheit – schon Branchenwechsel sind manchmal schwer möglich, die Wechselhürden zwischen den Marktsegmenten Industrie und Handel oder Dienstleistung fast unüberwindbar – nicht so bei diesem systematisch-strategischen Vorgehen.
- *Erhöhte Treffsicherheit durch Souveränität:* Durch souveränes Nachfragen und mehr konkrete Vertragsangebote vorher genauer wissen, was nachher kommt. Bessere Auswahlmöglichkeiten!
- *Größere geografische Unabhängigkeit sowie Zeit- und Gehaltsgewinn* durch wesentlich mehr Angebote zum Zeitpunkt X; zugleich sich potenzierende Grundlage für alle nachfolgenden Karriereschritte.

Prinzip 4

Ehrlichkeit, Wahrhaftigkeit, Authentizität

»Ehrlichkeit ist die beste Methode.«

Benjamin Franklin

Ein Kernanliegen dieses Buches ist es, Ihnen zu helfen, dass Sie mehrere passende Stellen finden. Und sich dann für die zu Ihnen am besten passende Aufgabe entscheiden. Denn meist haben Sie durch dieses strategisch-systematische Vorgehen eine große Auswahl!

Schon durch das bereits beschriebene Transparenzprinzip erhöhen Sie die Wahrscheinlichkeit, vorher zu wissen, was Sie nachher erwartet. Wenn Sie das vierte Prinzip »Ehrlichkeit, Wahrhaftigkeit, Authentizität« beherzigen, können Sie die so wichtige Klarheit noch ein Stück erhöhen, wirklich das Wesentliche über Ihren potenziellen neuen Arbeitgeber in Erfahrung bringen. Das hat für Sie (und gegebenenfalls Ihre Familie) weitreichende Bedeutung.

CEO-TIPP Wenn Sie vorher wissen wollen, was Sie nachher erwartet, sollten Sie gut überlegen, ob Sie der verbreiteten Bewerberempfehlung und verdeckten Übertreibungsaufforderung »Verkaufen Sie sich gut!« wirklich folgen wollen.

Doch zunächst zum Prinzip Ehrlichkeit und Wahrhaftigkeit. Es gibt »tausend« Gründe, die Wahrheit zu sagen. Sie sind so offensichtlich, dass sie hier nicht erörtert werden sollen. Zugleich gehört die Frage nach der Wahrheit zweifellos zu den grundlegendsten und komplexesten Fragen des Menschen.

Im besonderen Zusammenhang mit Bewerbungsverfahren kommen wir nicht umhin, einen kleinen Ausschnitt der Frage nach der Wahrheit zu beleuchten. Denn bei Bewerbungsverfahren ist sehr wohl zu fragen,

CEO-TIPP Für die schriftlichen Unterlagen gilt dasselbe wie für das Interview: Oft ist die Grenze schmal zwischen Formulierungskunst und blanker Übertreibung oder gar Unwahrheit.

wie es mit der Wahrhaftigkeit bestellt sein darf. Bringt sich ein Kandidat nicht um allzu viele Chancen, wenn er grundehrlich ist? Ist nicht vieles in Bewerbungsverfahren durchzogen von Übertreibungen, fahrlässigen Unwahrheiten, gar vorsätzlichen Lügen? Es fängt schon bei den wechselseitig vorgelegten Dokumenten an: dem CV, den meist selbst geschriebenen Zeugnissen, ebenso den Confidential Reports der Headhunter und den Anpreisungen der Unternehmen in der Stellenbeschreibung. Sie alle überschreiten oft die schmale Grenze zwischen Formulierungskunst und blanker Übertreibung oder gar Unwahrheit. Schließlich endet der Austausch von Unwahrheiten beim persönlichen Gespräch – auf beiden Seiten des Besprechungstischs! Eines scheint klar, fast nirgendwo wird so viel gelogen wie im Verlauf des Bewerbungsverfahrens.

Zwar gibt es, wie einleitend postuliert, »tausend« Gründe, stets die Wahrheit zu sagen. Dennoch sagen die allermeisten Menschen nicht immer die Wahrheit. Es ist sogar eine sehr weitverbreitete menschliche Gewohnheit, zu lügen – die nicht erst des wissenschaftlichen Beweises bedurft hätte. Dennoch ist ein Furore machendes Forschungsergebnis von Robert Feldmann ernüchternd: Er fand heraus, dass Menschen, die sich kennen lernen, in den ersten zehn Minuten durchschnittlich dreimal lügen! Grund: Es scheint, als spräche sogar die sogenannte soziale Erwünschtheit dafür, in bestimmten Situationen zu lügen. Aber man möge vorsichtig sein und nicht vorschnell Lügen achselzuckend als allzu menschlich und damit »unvermeidbar« einstufen, denn vieles, was beispielsweise Feldmann bezüglich des Lügens erforschte, bezieht sich wegen der sozialen Erwünschtheit auf »Nettigkeiten« und »Floskeln«. Beim Sondieren, ob ein C-Level-Manager eine neue Verantwortung übernehmen kann und will, geht es *nicht* lediglich um das Kennenlernen, um Small Talk, nicht einmal um Konversation. Ein weites Feld, nicht nur für Psychologen und Moralphilosophen. Wohl für *jeden* Menschen ist es notwendig, sich hierüber Gedanken zu machen – und Position zu beziehen. Wir beziehen hier im Zusammenhang des Bewerbungsverfahrens eindeutig Position.

Zunächst gibt es praktisch nachvollziehbare Argumente dafür, die Wahrheit zu *verschweigen* – was zugegebenermaßen etwas anderes ist, als die Unwahrheit zu sagen. Ein kleiner Exkurs in die Bundespolitik mag dies verdeutlichen. Im Wahlkampf 2005 erklärte Angela Merkel – wie in jedem Wahlkampf und in jedem Bewerbungsgespräch ging es auch hier darum, (aus-)gewählt zu werden –, im Falle ihres Wahlsieges wolle sie die Mehrwertsteuer um zwei Prozentpunkte erhöhen. Das bekam ihrem Wahlergebnis nicht gut. Für ihre Offenheit wurde sie vermutlich mit weniger Wählern, also mit geringerem Erfolg bestraft. Wie wir wissen, legte sie sich fortan nicht mehr oft fest. Schon gar nicht mit Wahlkampfaussagen. Man denke nur an den von Merkel 2009 geführten Wahlkampf der wohlklingenden Parolen.

Wider das Prinzip »Sie müssen sich gut verkaufen!«

Ein weiteres Beispiel direkt aus der Welt der Bewerbungsgespräche: Einer unserer Klienten, ein honoriger Geschäftsführer Personal, gestandener Mittfünfziger und, wie die meisten Personaler, von besonderer Ehrlichkeit, Glaubwürdigkeit und Zuverlässigkeit, entgegnete uns auf einen unserer Ehrlichkeitsappelle im Bewerbungsgespräch: »Aber Herr Nebel, wenn ich dem Bewerber vorher sage, was ihn nachher erwartet, kommt er doch nicht!« Das traf. Der Mann, der seit 30 Jahren Manager und Führungskräfte der ersten und zweiten Ebene auswählte, sprach gelassen aus, was eigentlich alle wissen: Das sogenannte Bewerbungsgespräch oder Interview ist allzu oft nichts weiter als ein Balztanz; mehr oder weniger heftiges Flügelschlagen, ein Sich-Drehen und -Wenden. Jedenfalls sind Bewerber und Unternehmensvertreter stets bemüht, sich nur von ihrer schöns-

CEO-TIPP Selbst Personalleiter hielten uns schon entgegen: »Wenn ich dem Bewerber vorher sage, was ihn nachher erwartet, kommt er doch nicht!«

CEO-TIPP Wenn sich beide Seiten anschwindeln, ist es doch ausgeglichen? Gerade beim Eingehen einer »Dangerous Relationship« (wie es nach angloamerikanischem Sprachgebrauch beispielsweise Ehe, Franchise- und Arbeitsvertrag sind) kann der Schuss nach hinten losgehen! Für beide Seiten!

ten Seite zu zeigen. Daher »darf« man vorher nicht sagen, was die Gesprächspartner nachher – nach der Einstellung – erwartet: auf beiden Seiten!

Wenn beide Seiten das so machen, dann ist es doch ausgeglichen, fast fair, oder? Das Dumme ist nur, dass auf Grundlage unwahrer, eben falscher Aussagen auch leicht die falschen Entscheidungen getroffen werden. Bei wahren Aussagen besteht größere Transparenz bezüglich der zu treffenden Entscheidung. Das Unternehmen kann die ohnehin schwierige Besetzungsfrage zutreffender, da täuschungsfrei, beantworten. Auch der Bewerber kann unter den verschiedenen Optionen die auswählen, die ihm wohl am besten entspricht. Arbeitsverträge sind Dauerschuldverhältnisse, wie es beispielsweise Franchiseverträge oder Eheverträge auch sind.

Die beiden Letzteren werden im angloamerikanischen Kultur- und Rechtskreis nicht zufällig »Dangerous Relationship« genannt: »Drum prüfe, wer sich ewig bindet«, um einen deutschen Dichterfürsten zu bemühen. Von »ewig« kann bei einem Arbeitsvertrag zum Glück keine Rede sein, wie übrigens bei Ehe- und Franchiseverträgen auch. Aber der Schaden einer falsch getroffenen Entscheidung ist auch hier erheblich.

Warum also wird in Bewerbungsgesprächen dann auf beiden Seiten so viel gelogen oder fahrlässig die Unwahrheit gesagt – wenn doch der riskierte Schaden beträchtlich ist? Vielleicht weil es gang und gäbe ist. Ganze Buchregale in den Buchhandlungen sind daher auch gefüllt mit Ratgebern, die sich in *einem* Punkt einig sind: »Der Bewerber muss sich im Interview verkaufen!« Und verkaufen impliziert, sich von seiner schönsten Seite darzustellen, so zu drehen und zu wenden, dass die nicht so schöne, nicht so passende Seite nie zu sehen ist. Der Bewerber sei hiermit also entschuldigt. Er folgt nur dem Mainstream, er glaubt den Beteuerungen der Ratgeberliteratur, Heerscharen von Outplacern und Bewerbungscoaches, und bleibt bei seinen eigenen, wenn auch unreflektierten Erfahrungen.

CEO-TIPP Die herrschende Meinung fordert: »Der Bewerber muss sich im Interview gut verkaufen!« Sie fördert dadurch den leichtfertigen Umgang mit der Wahrheit und trainiert bisweilen diese Verzerrungen noch vor der Videokamera.

Entschuldigt seien aber auch die Personaler, die dem Druck ihrer »Kunden«, also den Abteilungs- und Bereichsleitern, den Geschäftsführern, Vorständen und Aufsichtsräten, nicht standhalten: Diese drängen häufig, einen bestimmten Kandidaten unbedingt haben zu wollen! Und der Personalchef fürchtet, ihn nicht für das Unternehmen gewinnen zu können, wenn er ihm die volle Wahrheit sagen würde. Weniger entschuldigt sind dagegen die interviewenden Vorgesetzten, die nicht die volle Wahrheit sagen: Sie sind unklug! Zwar handeln auch sie erfahrungsbasiert, aber unreflektiert.

Dreistufiges Kommunikationsvorgehen

Wie wäre es, eine andere Vorgehensweise auf Basis einer hoffentlich sukzessiv immer stabiler werdenden Einstellung auszuprobieren? Mit dieser neue, vielleicht bessere Erfahrungen zu sammeln? Dies gilt für beide Seiten. Wie könnte diese Vorgehensweise aussehen? Natürlich nicht nur *schlicht* die Wahrheit zu sagen. Da Ihnen niemand hinter die Stirn schauen kann, wird der Gesprächspartner nicht einmal wissen, ob Sie die Wahrheit sagen. Unvermeidbar daher auch, dass selbst bei ehrlichen Bewerbern der Gesprächspartner bisweilen argwöhnen wird, er sage vielleicht nicht die Wahrheit. Die Antwort ist vergleichsweise einfach, und dennoch wird sie so selten praktiziert, dass sie häufig Erstaunen hervorruft. Die Wahrheit sagen *und* von sich aus die Dinge ansprechen, die Sie vielleicht nicht unbedingt sagen müssten, wo Sie aber erkennen, dass Sie eine Pflicht zur Offenlegung haben. Eine solche Überprüfung werden Sie meist nicht im ersten Gespräch vornehmen, sondern erst, wenn Sie die Zielgerade vor Augen haben und mit einem konkreten, schriftlichen Vertragsangebot zu rechnen ist.

CEO-TIPP Wer sich im Bewerbungsgespräch zu »gut verkauft«, muss sich nicht wundern, wenn auch er »verraten und verkauft« wird.

Das könnte im Gesprächsverlauf so aussehen, wie wir es Ihnen nun vorstellen möchten – der Übersichtlichkeit wegen in drei Stufen gegliedert.

Stufe 1: Zusammenfassen

Menschliche Kommunikation läuft fast automatisch Gefahr, ungenau zu sein. Daher missverstehen sich Gesprächspartner trotz bester Absichten allzu leicht. Um Missverständnisse in so wichtigen Angelegenheiten wie einem Bewerbungsgespräch möglichst unwahrscheinlich zu machen, empfiehlt es sich hier ganz besonders, allgemeine Kommunikationsgrundsätze zu beherzigen. Stellen Sie durch Wiederholung des Verstandenen sicher, dass Sie die Aussagen Ihres Interviewpartners richtig erfasst und richtig interpretiert haben. Wiederholen Sie also in Ihrer eigenen, gewohnten Diktion das Verstandene. Liegt Ihnen eine Job Description vor, so zitieren Sie sie nicht wörtlich, sondern fassen sinngemäß zusammen, etwa: »Ich habe aufgrund Ihrer Ausführungen beziehungsweise der Stellenbeschreibung verstanden, dass die Position mit einem Manager besetzt werden soll, der über A, B, C, D, und E verfügt!« Und nun wiederholen Sie das, was Sie verstanden haben. Ganz nebenbei gerät Ihre der Kommunikationssicherheit dienende Wiederholung zu einem »Werbeblock« Ihrer Kompetenzen, Erfahrungen und Erfolge. Sie haken gleichsam ab: »Habe ich, habe ich, habe ich ...« Ihr Gesprächspartner sieht, dass es Ihnen wichtig ist, die Anforderungen zu erfüllen!

Lag keine Stellenbeschreibung vor, ist eine solche Zusammenfassung umso wichtiger, denn das gesprochene Wort ist bekanntlich flüchtig. Aber auch bei einer ausformulierten Job Description ist klugerweise durch Zusammenfassung sicherzustellen, ob diese noch exakt so gültig ist, wie sie einst verfasst worden ist. Häufig ändern die Verantwortlichen intern den einen oder anderen Anforderungspunkt ab, da sie aufgrund geführter Gespräche und neu gewonnener Erkenntnisse nunmehr ein mehr oder weniger abweichendes Profil suchen. Dies gilt es herauszufinden.

Stufe 2: Defizite ansprechen

Diese Stufe verblüfft meist Ihre Gesprächspartner: Jetzt weisen Sie explizit darauf hin, welche gewünschten Merkmale Sie nicht erfüllen! Da lässt sich nach den zuvor geführten Gesprächen und bei präzisem Lesen der Stellenbeschreibung meist etwas finden, was Sie zumindest *so* noch nicht gemacht haben. Das kann sich dann etwa folgendermaßen anhören: »Über die Merkmale F und G hingegen verfüge ich nicht, jedenfalls nicht in der Ausprägung, wie Sie sie vermutlich wünschen.« Vielleicht war Ihrem Gesprächspartner das bereits klar, vielleicht ist es ihm auch neu. Jedenfalls überrascht es ihn angenehm, einmal auf jemanden zu stoßen, der von sich aus auf fehlende Eigenschaften hinweist – und offenbar nicht auf Biegen und Brechen die ausgeschriebene Stelle besetzen möchte. Es ist nahezu das genaue Gegenteil dessen, was die Ratgeberliteratur empfiehlt. Dort ist allenthalben von Verkaufen die Rede. Heerscharen von Beratern und Coaches stoßen in dasselbe Horn, bisweilen begleitet von videogestützten Rollenspielen, die immer dasselbe Ziel verfolgen: Gut rüberkommen, makellos auftreten, keine Schwächen zeigen, sich optimal verkaufen.

CEO-TIPP Verblüffen Sie Ihren Gesprächspartner mit der Wahrheit, nach der Sie niemand gefragt hat, die Sie auch gut hätten verschweigen können!

Dieses Vorgehen hat gleich vier Vorteile:

1. Glaubwürdigkeit: Sie gewinnen zusätzlich an Glaubwürdigkeit. Denn wer von sich aus »Nachteile« anspricht, genauer Nichtstärken oder auch nur nicht gemachte Erfahrungen oder fehlende Kenntnisse, ist ehrlich, will sich offenbar nicht »verkaufen«, den Job nicht um jeden Preis bekommen. Daraus lässt sich schließen, dass er doch sicherlich auch die Wahrheit sagte, als er die von ihm erfüllten Merkmale A bis E zusammenfasste. Die Transparenz steigt!

2. Verantwortung des Gegenübers: Sie nehmen mit dem expliziten Daraufhinweisen, worüber Sie nicht verfügen, Ihren möglichen künftigen Arbeitgeber mit in die Verantwortung. Ihr Gesprächspartner, der das Unternehmen schon länger kennt, muss dessen Bedarf abschätzen, muss »Flagge zeigen«, ob die wenigen fehlenden Kenntnisse oder Erfahrungen gemeinsam mit Ihnen »behebbar« sind, etwa durch künftige Mitarbeiter von Ihnen, die das abdecken. Oder der Arbeitgeber kann Ihnen die Zeit geben, in diesen Teil der Aufgabe hineinzuwachsen. Oder abwägen, ob das Fehlende »hinnehmbar« ist, einfach ohne Flankierungen akzeptiert wird, weil es bei Gesamtwürdigung Ihrer Person und Qualifikation doch nicht so entscheidend ist.

3. Akzeptanz: Ihr Gesprächspartner weiß vorher, was ihn nachher erwartet. Sie können mit Akzeptanz rechnen, wenn Sie nachher auf diesem Gebiet wie angekündigt nicht dieselbe Leistung zeigen wie auf anderen.

4. Weniger Druck: Sie nehmen Druck aus der Verhandlung! Solange Sie vorgeben, alles zu können, zu wissen, schon einmal gemacht zu haben, wird Ihr Gesprächspartner eine gesunde Skepsis aufrechterhalten, je nach Temperament Ihnen auch nachweisen wollen, dass dem genau nicht so ist. So mancher erfahrene Interviewer wird so lange nachsetzen, bis er Sie »gestellt« hat, Ihnen nachgewiesen hat, dass Sie doch nicht alles Erforderliche virtuos beherrschen. Ein analoges Verhalten mit ausgeprägtem Jagdinstinkt ist bei fast allen TV-Journalisteninterviews mit hochrangigen Politikern zu beobachten. Druck erzeugt Gegendruck. »Nachgeben« dagegen, von sich aus das Wahre zuzugestehen, nötigt Respekt ab, getreu dem Motto: »Schwäche zu zeigen, heißt Stärke zu haben.« Dabei handelt es sich hier meist noch nicht einmal um eine Schwäche. Häufig sind es nur Dinge, die Sie so noch nicht gemacht haben, aber vonseiten des Arbeitgebers auf der Wunschliste oder gar dem Anforderungsprofil stehen.

CEO-TIPP Druck erzeugt Gegendruck. Dagegen ermuntert »erkennbar die Wahrheit zu sagen, wo Schweigen auch möglich wäre«, den Gesprächspartner, es Ihnen gleichzutun.

Wenn Ihr Gesprächspartner das Vorhandensein einzelner Merkmale jedoch für wesentlich, also *unverzichtbar* hält, dann ist es logisch und konsequent, dass Sie nicht für die Verantwortungsübernahme in Betracht kommen. Und seien Sie froh, wenn Sie das gemeinsam vorher herausarbeiten und nicht während der Probezeit oder in den ersten ein bis zwei Jahren. Schließlich haben Sie bei konsequenter Herangehensweise an den Markt noch viele andere Optionen.

Stufe 3: Fragen zuspitzen

Nachdem Sie mit Ihrer offenen und ehrlichen Art »in Vorlage« gegangen sind, ist es an Ihnen, auf Ihren Gesprächspartner überzuleiten und von *ihm* Offenheit und Ehrlichkeit einzufordern. Dies könnten Sie etwa mit den Worten einleiten: »Ich kann mir menschlich und fachlich gut vorstellen, diese Aufgabe zu übernehmen!« Wenn Sie hier einleitend »Blumen streuen« und dem Gesprächspartner, dem Unternehmen sowie der Aufgabe Respekt und Anerkennung zollen, so machen Sie das auch, um das nachfolgende Statement behutsam abzufedern, Ihren Gesprächspartner nicht unnötig zu irritieren. Denn Sie fahren etwa folgendermaßen fort: »Ich führe eine Reihe von Gesprächen, die teilweise schon recht konkrete Formen angenommen haben. Ich muss mich also bald für eine Aufgabe entscheiden. Wir sitzen auch deshalb hier zusammen, um vorher gemeinsam zu erörtern, was uns nachher erwartet. Auf beiden Seiten. Ich führe das aus, weil es sein könnte, dass wir etwas übersehen haben. Ich habe Ihnen die Punkte genannt, die ich erfülle, ebenso diejenigen, die aus meiner Sicht nur bedingt oder gar nicht vorliegen. Haben wir darüber hinaus etwas übersehen? Oder gibt es etwas, was ich wissen sollte, was wir noch nicht angesprochen haben?« Diese zuspitzenden Fragen haben zwei Vorteile:

1. Sie nehmen Ihren Gesprächspartner in die Pflicht. Denn solche Formulierungen führen, wie Juristen zu sagen pflegen, zu einer gehörigen »Gewissensanspannung« des Gegenübers, die dem Menschen zuzumuten ist, um Einsicht in das gegebenenfalls Unrechtmäßige seines Tuns zu gewinnen (vgl. etwa BGHStE 42, 235 ff.). Dem Unternehmensvertreter gegenüber sitzt ein rechtschaffener Manager, der von sich aus auf möglicherweise fehlende Erfordernisse hinweist, der über andere Angebote verfügt und sich doch für *diesen* Arbeitgeber zu entscheiden im Begriff ist. Dieser Gesprächspartner fragt nun explizit, ob man einen wichtigen Punkt bezüglich des Anforderungsprofils noch nicht erörtert hat *oder* – und dies ist von mindestens derselben Bedeutung – ob der Gesprächspartner über Informationen verfügt, die für ihn und seine Entscheidungsfindung wichtig sind. Dann sollte er sie jetzt nennen.

2. Sie bekommen wichtige Informationen. Gerne kann man diese Aufforderung noch beispielhaft konkretisieren, um den aufgebauten Druck noch etwas zu erhöhen, beziehungsweise die Phantasie des Gesprächspartner zu stimulieren: »Was sollte ich für meine Entscheidung noch wissen? Worüber haben wir noch nicht gesprochen, was aber möglicherweise wichtig für mich ist? Das bezieht sich nicht nur auf die Position, sondern auch auf das Unternehmen. Gibt es sich schon heute abzeichnende Entwicklungen, die sich auf das Unternehmen und damit auf die zu besetzende Position auswirken werden oder könnten? Laufen Patente aus? Droht ein wichtiger Kunde wegzubrechen? Stehen Fusionen, Aufkäufe, Abspaltungen an?«

Die Wahrheit zahlt sich immer aus

Dieses dreistufige Kommunikationsvorgehen ist über die Jahre unserer Beratungstätigkeit zusammen mit unseren Klienten entwickelt und immer wieder umgesetzt worden und daher vielfach bewährt.

Es ersetzt aber nicht die gewissenhafte Auseinandersetzung mit dem Unternehmen. Empfehlenswert sind vor Vertragsunterzeichnung sicherlich die Lektüre des Geschäftsberichts, gegebenenfalls die Analyse der Bilanz, das Lesen von Presseberichten und so weiter. Auch Internetforen, in denen Mitarbeiter ihre Unternehmen bewerten – wie beispielsweise Kununu –, können hilfreich sein. Denn dort rächen sich keineswegs nur unzufriedene Mitarbeiter, die von »Beruf Opfer« sind, sondern es gewähren auch gestandene Führungskräfte bisweilen sehr aufschlussreiche Insider-Einblicke in ein Unternehmen und dessen Kultur – jenseits der Hochglanzbroschüren und selbstbeweihräuchernden Internetauftritte. Diese Bewertungen können positiv wie negativ sein. Vor allem werden sie in Beziehung gesetzt zu den Durchschnittswerten aller anderen Unternehmen und zu denen derselben Branche. So wird das Gegenargument relativiert, dort würden sich ja nur Nörgler zu Wort melden – wohl wissend, dass es keine repräsentative Gruppe ist, da primär internetaffine Menschen dort ihre Meinung eintragen.

Die hier skizzierte Drei-Stufen-Methode ist natürlich weder Patentrezept noch Garantie dafür, dass wichtige Informationen wirklich *vor* der Einstellung gegeben werden. Wir hatten einen Klienten – wieder ein Personalchef, der die hier beschriebenen Empfehlungen präzise in seinem letzten Gespräch vor der Vertragsunterzeichnung umgesetzt hatte. Der Vorstand, an den er künftig berichten würde, hatte auf die entscheidende »Gretchenfrage« der dritten Stufe nichts von Belang genannt. Unser Klient war also guter Dinge und ging davon aus, es würden ihn keine Überraschungen in der Anfangszeit ereilen und sich nichts wesentlich Neues ergeben, was nicht schon zum Zeitpunkt der Bewerbungsgespräche bekannt war.

CEO-TIPP Ehrlichkeit ist kein Patentrezept gegen unliebsame Überraschungen. Aber selbst wenn man »als Gegenleistung« nicht die Wahrheit zu hören bekommt, birgt selbst die Wahrheit zu sagen handfeste Vorteile.

Fehlanzeige! Schon etwa zwei Wochen nach dem Start mit Sektflasche und anspornenden Willkommensgesprächen eröffnete der Vorstand in kleinerer Runde, im übernächsten Quartal seien 300 Mitarbeiter zu entlassen. Ohne es auch nur zu erwähnen war klar, dass diese Aufgabe dem frisch eingestellten Personalchef zufallen würde. Im Übrigen wurde diese Ankündigung vonseiten des Vorstands nicht weiter kommentiert! Zwar, so berichtete uns unser Klient, habe sein Vorstand hierbei vielsagend in die Runde geblickt. Als sich schließlich ihre Blicke kreuzten, lag darin ein beredtes Schweigen, das klarmachte: Er wusste, dass er vor einigen Wochen beim letzten Gespräch vor Vertragsunterzeichnung hätte reden müssen. Er hatte es vorgezogen zu schweigen, seine Gewissensanspannung war nicht groß genug gewesen. Immerhin konnte sich unser Klient damit trösten, dass er bei seinem Vorstand »etwas gut« hatte – auch wenn sie beide nie darüber gesprochen haben, dass er damals auf explizite Fragen geschwiegen hatte, wo eine Pflicht zum Reden bestanden hatte. Sein Chef war zu schwach gewesen oder wollte nicht riskieren, dass der Bewerber nicht ins Unternehmen kommt. Wo er immerhin fünf Jahre geblieben ist. Denn insgesamt war es eine gute Zeit, auch wenn der HR-Chef gerne die Entscheidung für gerade dieses Unternehmen in voller Kenntnis der damals bekannten wesentlichen Umstände getroffen hätte.

Prinzip 5

Emotionalität

»Jeder erinnert sich, wo er am 11.9.2001 war.
Kaum jemand weiß noch, wo er sich am 10.9. aufhielt.
Den Unterschied machen die dramatischen Ereignisse von ›9/11‹.
Den Unterschied machen Emotionen.«

Robert Malinow

Vermutlich überrascht es Sie, als ein entscheidendes Prinzip für den erfolgreichen CEO-Bewerbungsprozess die Emotionalität zu lesen. Sind wir doch überall gewohnt, Professionalität zu fordern. Die Negation der Professionalität, etwa der Vorwurf »das ist unprofessionell«, wird sogar häufig dazu verwandt, kaum verhohlen jemandem zu sagen, er sei emotional und möge das doch bitte unterlassen. Ganz nach dem Motto: Im Beruf regiert die Sachlichkeit, Emotionen gehören ins Private. Umgekehrt wird jemandes Verhalten als professionell gelobt, wenn er sich nichts hat anmerken lassen, wenn er gerade keine Emotionen gezeigt und etwa aufkommende unterdrückt hat, eben »sachlich« geblieben ist, wo man verstanden hätte, wenn er emotional oder persönlich geworden wäre.

CEO-TIPP Ist emotional das Gegenteil von professionell? Nein, ganz im Gegenteil – auch wenn Emotionalität öfter einmal als von vornherein »unprofessionell« abgetan wird!

Vorsorglich seien hier der Wert und die Wichtigkeit von Sachlichkeit und Präzision im Sinne von »Zahlen, Daten, Fakten« betont. Sie sind Voraussetzung für vernünftige Unternehmenssteuerung, Ingenieurskunst, rechtliche Absicherung und vieles andere. Vernunft und Emotionalität gehören jedoch zusammen wie zwei Seiten derselben Medaille. Das einseitige Primat des Rationalen führt zu schweren Managementfehlern. Daher soll hier eine Lanze gebrochen werden für die Emotionalität, für bewusst eingesetzte Emotionalität, die im CEO-Be-

CEO-TIPP Sie brauchen Emotionen nicht gezielt einzusetzen. Es genügt, sie nicht fortwährend zu unterdrücken. Das alleine schon verschafft Ihnen mehr Glaubwürdigkeit und größere Überzeugungskraft.

werbungsprozess eine entscheidende Rolle spielt, wie überall in der Unternehmenswirklichkeit. Denn Fakt ist: Wo Menschen zusammen sind, wimmelt es nur so vor Emotionalität. Menschen beiderlei Geschlechts sind nun einmal emotional, und das nicht nur in ihrer privaten Sphäre, sondern gerade auch dort, wo sie sich die meiste Zeit tagsüber aufhalten: am Arbeitsplatz im Berufsleben. Die Energie von Managern und vor allem Führungskräften ist tatsächlich zu einem großen Teil gebunden an das Meistern menschlicher, zumeist eben emotionsbedingter, psychischer und eben gerade nicht sachlicher Herausforderungen.

In dieser Beobachtung der Realität liegt eine große Chance, wenn man sie um eine Erkenntnis ergänzt: Menschen verhalten sich nicht nur irrational und emotional – auch ihre Entscheidungen treffen sie keineswegs vorrangig rational, sondern zu einem ganz erheblichen Teil emotional. Dies erklärt, warum die Entscheidung für oder gegen einen bestimmten Kandidaten zu einem ganz erheblichen Teil aufgrund von Sympathie oder Antipathie getroffen wird, also emotional, allen Assessment-Centern, Management Appraisals und Audits zum Trotz, so sehr wir persönlich auch davon überzeugt sind, dass diese Auswahl- und Beurteilungsinstrumente von großem Wert sein können.

Damit liegt es auf der Hand, auch wenn es noch wenig verbreitet ist, diese Kräfte der Emotionalität im Bewerbungsverfahren bewusst für sich zu nutzen – statt ihren Einsatz zugunsten vermeintlicher Professionalität zu vermeiden. Professionell und seriös sind Sie schon aufgrund Ihres persönlichen und schriftlichen Auftretens, Ihrer Biografie, Ihrer bisherigen beruflichen Stationen und Erfolge. Niemand wird Ihre Seriosität und Ernsthaftigkeit anzweifeln. Ihre Fähigkeit, Mitarbeiter und Führungskräfte zu erreichen, müssen Sie dagegen noch unter Beweis stellen. Dafür brauchen Sie nicht emotional zu werden, aber Sie sollten bewusst Emotionen einsetzen. Zwei Situationen verlangen nach einem wohldosierten Maß an Emotionalität. Zum einen die schriftlichen Bewerbungsunterlagen, zum anderen das Vorstellungsgespräch oder Interview.

Emotionalität in Ihren Unterlagen: Performance-Geschichten

Geschichten erzählen ist eine der ältesten und vor allem wirksamsten Kommunikationsmethoden. Schon im Altertum, zu biblischen Zeiten und vermutlich auch in prähistorischer Zeit haben die Menschen einander Geschichten erzählt. So haben etwa die Philosophen des alten Griechenlands ihren Schülern durch das Schildern von Ereignissen auch komplexe Erkenntnisse veranschaulicht. Der neutestamentarische Jesus hat anhand von Gleichnissen seinen Jüngern einprägsam Werte vermittelt. Und wohl schon in vorbiblischer Zeit haben die Menschen ihre Geschichten jeweils den eigenen Kindern oder ihren Stammesgenossen weitererzählt. Warum erzählten sie Geschichten? Warum nannten sie nicht lediglich nüchterne Zahlen, karge Daten und nackte Fakten? Kleideten sie stattdessen ein in das schöne und verständliche Gewand von Geschichten? Weil die Zuhörer, die sie für ihre Sache oder Überzeugungen gewinnen wollten, gerade spannende, emotionale Geschichten gerne hören wollten. Deshalb folgten sie ihren Ausführungen aufmerksam und behielten die in den Geschichten enthaltenen Informationen oder Appelle besser im Gedächtnis. Spannende, zumindest Emotionen ansprechende Geschichten, die über das Reproduzieren nüchterner Zahlen hinausgehen, produzieren im Kopf eine Art »Kino«.

CEO-TIPP Eine lebendig erzählte Geschichte gewinnt die Aufmerksamkeit und Konzentration der Leser leichter, als ausschließlich nüchterne, auf Zahlen, Daten und Fakten basierte Formulierungen es vermögen.

Selbst die Wirtschaftspresse, von *Capital* über das *Handelsblatt* bis hin zum *Manager Magazin*, bedient sich dieses Genres. Zu gerne werden dort auch persönliche, emotionale Geschichten über Wirtschaftskapitäne und Unternehmer verfasst und veröffentlicht. Selbst in eher wissenschaftlichen Magazinen wie dem *Harvard Business Manager* verstärken Autoren mit professoraler Würde ihre Überzeugungskraft durch Geschichten und Metaphern – dann freilich mit solchen der griechischen Antike, in denen sie Dichter von Igeln und Hasen erzählen lassen (Meynhardt, 2012a). Das gefällt zu Recht, denn es bildet und prägt sich wie von selbst dauerhaft ein!

Der Zuhörer macht sich ein Bild von dem, was er gerade erzählt bekommt. Er kann es gar nicht vermeiden, ob er will oder nicht. Wenn wir Ihnen sagen, denken Sie *nicht* an einen rosa Elefanten, so werden Sie dennoch vor Ihrem inneren Auge einen rosa Elefanten wahrnehmen, ob Sie wollen oder nicht. Und Sie werden damit Gefühle verbinden und sich damit assoziierende Gedanken machen. Und das, obwohl wir Sie gebeten haben, gerade *nicht* an einen rosa Elefanten zu denken. Durch positive Bilder lässt sich das noch steigern – und vor allem in die gewünschte Richtung lenken. Die Verwendung negativer Formulierungen ist sehr gefährlich. Denn das tatsächliche Ergebnis beim Leser beziehungsweise Zuhörer ist, wie dieses Rosa-Elefant-Beispiel zeigt, meist das Gegenteil des Gewünschten. Das »nicht« wird meist überhört oder überlesen.

Emotionen bestimmen unser Leben massiv. Kaum ein Auto wird ausschließlich auf der Basis von Fakten und vernunftgesteuerten Überlegungen gekauft. Nicht einmal ein Lkw oder ein Bagger. Wenn Sie zweifeln, unterhalten Sie sich einmal mit einem Ingenieur. Das sind auch nur Menschen und nicht lediglich Techniker – aber meist technikverliebt. Diese Freude oder gar Begeisterung für Technik führt bei vielen auch im Beruf zu einer Vermischung von Ratio und Emotionen. Sie können beobachten, wie vorrangig emotionale Entscheidungen, getroffen aus Freude am technisch Machbaren, rational begründet werden. Manche dieser scheinbar nur rational denkenden und handelnden Ingenieure wissen durchaus um ihre Anfälligkeit, können oder wollen sie gleichwohl nicht vermeiden. Beileibe nicht nur Ingenieure, oder allgemeiner MINT-Akademiker, sind emotional anfällig für technische Finessen. Auch Wirtschafts- und Geisteswissenschaftler wie Betriebs- oder Volkswirte, Juristen und Philosophen haben ihre Freude an den technischen Finessen des neuesten Smartphones oder Tablets – erklären aber ihr Verhalten meist rational.

Wenn also Entscheidungen für Investitionsgüter wie Autos, Lkw, Produktionsanlagen, Büromöbel oder sinnlich nicht fassbare IT-Lösungen auch emotional getroffen werden, wie wahrscheinlich ist es dann, dass Personalentscheidungen ausschließlich oder auch nur überwiegend mit dem Verstand getroffen werden? Der Mensch ist sicher die komplexeste Erscheinung des uns bekannten Universums. Ein C-Level-Manager ist es demnach auch: enorm vielschichtig, schwer fassbar und damit im Grunde nicht einmal beschreibbar, geschweige denn rein rational erfassbar.

Die über eine Besetzung entscheidenden Menschen wissen das für gewöhnlich und tun sich einen Gefallen, wenn sie das anerkennen. Die Entscheidungen werden hierdurch nachvollziehbarer. Die CEOs wiederum, die eine neue Managementposition suchen, würden nur die Hälfte ihrer Möglichkeiten nutzen, wenn sie sich alleine auf sachliche Performancedarstellung und verstandesgestützte Gesprächsführung reduzieren würden. Und in aller Regel tun sie dies auch nicht. Es ist aber ein wesentlicher Unterschied, ob Bewerber dies unbewusst tun, mit einem latent schlechten Gefühl, was sie gerade tun, oder es bewusst einsetzen. Zum Vorteil aller Beteiligten.

CEO-TIPP Kein Manager wird allein aufgrund rationaler Erwägungen eingestellt. Emotionen sind immer mit im Spiel! Wenn Sie sich das bewusst machen, können Sie Emotionen gezielter einsetzen, zumindest sollten Sie sie dann nicht angestrengt unterdrücken.

Kein Manager wird ohne Emotionen eingestellt. Noch nicht einmal die Einladung zum Gespräch ist rein verstandesgestützt. Folgendes immer wieder kolportiertes Verhalten mag dies illustrieren: Früher, als Bewerber ihren Unterlagen noch Originalfotos von sich beifügten, fiel so manchem Personalberater, Recruiter oder Researcher das ein oder andere Bild »zufällig« aus der Mappe. Schließlich fand sich eine Auswahl von Bildnissen ihn oder sie ansprechender Mitmenschen in seiner oder ihrer untersten Schreibtischschublade wieder. In dem Zusammenhang liegt es nahe, Ihnen die Bedeutung *Ihres* Bewerbungsfotos in Ihren Unterlagen zu verdeutlichen. Es muss gut fotografiert sein. Gehen Sie also zu einem Profi und lassen Sie sich nicht von Partner, Freund oder Bekannten ablichten. Das ist falsch gespartes Geld. Achten Sie darauf, dass Sie auf dem Bild freundlich schauen. Jeder von uns möchte freundlich und sympathisch angeschaut werden. Wer meint, ein Bewerbungsfoto müsse Härte, Entschlossenheit oder sogar Kälte rüberbringen, der irrt! Es sind auch hier Emotionen »im Spiel«. Mit dem Foto sollen Sie Sympathie beim Betrachter wecken. All die harten Fakten und Erfolge schreiben Sie hin. Das Foto ist so gesehen der emotionale Teil Ihrer Unterlagen.

Damit sei nicht der britischen Soziologin Catherine Hakim – Autorin des Buches *Erotisches Kapital, Das Geheimnis erfolgreicher Menschen* (2011) – das Wort geredet, die Furore machte mit der These, das Geheimnis erfolgreicher Menschen bestünde auch in der gezielten Nutzung ihres »erotischen Kapitals«. Hakim unterstreicht, wenn auch mit teilweise anderer Begründung, die verbreitete Erkenntnis »ohne Sympathie läuft nichts«! Zunehmend setzt sich die Einsicht durch – unter anderem durch diesen Tabu brechenden Bestseller –, dass Entscheidungen in Unternehmen stark von Emotionen sowie Sympathie- oder Antipathiegefühlen geprägt sind.

Emotionalität im Bewerbungsgespräch: Humor und Leidenschaft

Neben äußerer Attraktivität macht auch die innere Attraktivität sympathisch. Hierzu gehört der Humor, einer der vier allen Werbe- und Marketingmanagern bekannten Haupt-Attractors. Neben Humor und Sex (»Sex sells!«) gehören dazu Tiere und Kinder als wirkungsvolles Mittel zur emotionalen Erreichung von Zielgruppen. Eines meiner Einstellungsgespräche zum General Manager Germany, die ich – Jürgen Nebel – in Barcelona mit dem Vice President EMEA führte, begann wirklich mit der Frage: »Tell me your latest joke, please.« Der Herr aus Spanien hatte zweifellos Humor und wollte mich zunächst von der menschlichen Seite kennen lernen. Solche Fragen stehen wohl in keinem Bewerbungsratgeber, geschweige denn die empfohlene »dazugehörige« Antwort. Sie sind aber aus der Praxis, sie sind emotionsgeladen und ihre Beantwortung womöglich sogar aufschlussreich.

Auch bei der Emotionalität lassen sich Anleihen bei der forensischen Vernehmungspsychologie nehmen. Diese sagt hierzu:

»Emotionen spielen eine wichtige Rolle bei der Übermittlung

und Bewertung wahrer und falscher Aussagen. [...] Forscher fanden einen deutlich positiven Zusammenhang zwischen der Emotionalität des Senders während der Aussage mit der Glaubhaftigkeitszuschreibung durch den Empfänger. Emotionale Aussagen werden [daher] häufiger für wahr gehalten als weniger emotionale Aussagen.« (Lafrenz, 2006)

CEO-TIPP Nutzen Sie das Erfahrungswissen von Staatsanwälten und polizeilichen Vernehmungsspezialisten für das Bewerbungsgespräch: Forschungsergebnisse belegen, dass emotionale Aussagen häufiger für wahr gehalten werden als weniger emotionale Aussagen.

Da es im Bewerbungsgespräch für beide Seiten darauf ankommt, die Wahrheit zu erfahren und, umgekehrt, Glaubwürdigkeit für die eigenen Aussagen zu erzielen, ist es schon grotesk, dass sich die meisten Manager unter dem Einfluss eines dem Menschen offenbar unangemessenen Diktums der »Professionalität« dazu verleiten lassen, Emotionen zu unterdrücken. Damit verschenken sie Glaubwürdigkeit und büßen zuletzt auch noch Authentizität ein. Und das alles nur, um stromlinienförmig mitzuschwimmen im Bemühen, »professionell« zu wirken. Charismatiker dagegen verhalten sich anders, sie ragen gerade durch Emotionalität aus der Masse heraus, denn Charisma ohne Emotionalität ist schlichtweg nicht vorstellbar.

Wer noch immer zögert, sich auch im Bewerbungsgespräch mehr menschliche Emotionalität zuzugestehen, sei stellvertretend für viele Unternehmensslogans an den der größten deutschen Geschäftsbank erinnert: »Passion to perform« oder »Leistung aus Leidenschaft«. Und Leidenschaft setzt zwingend Emotionen voraus. Zugegebenermaßen entbehrt der Appell, leidenschaftlich zu sein, also Emotionen zuzulassen, gerade im Fall der Deutschen Bank nicht einer gewissen Komik. Denn die emotionskontrolliertesten Manager mit dem größten Hang zur Förmlichkeit, gar Steifheit, finden sich sicherlich am häufigsten innerhalb der Banken. Vielleicht versuchen sie gerade deshalb, eine Lanze für Emotionen und Leidenschaft zu brechen? Wie auch immer: Zu-

CEO-TIPP Selbst streng auf Seriosität bedachte DAX-Unternehmen, deren Kapital Vertrauen und Ernsthaftigkeit sind, werden mit zentralen Werbebotschaften emotional: »Leistung aus Leidenschaft« – selbst die Deutsche Bank gibt sich gerne leidenschaftlich.

mindest verbal behauptet Deutschlands größte Bank von ihren eigenen Managern und Mitarbeitern, sie brächten Leistung aus Leidenschaft!

Bewerber sollten den Mut haben, in Interviews stärker, wenn auch wohldosiert, mit eben dieser Emotionalität und Leidenschaft zu überraschen. Noch ein Beleg für die Erwünschtheit von Emotionalität: Vielleicht jede zweite der in Anzeigen und Stellenbeschreibungen anzutreffenden »Kompetenzanforderungen« verlangt Begeisterungsfähigkeit! Begeistern kann kein Manager sich nur an Zahlen, Daten, Fakten, KPIs und Bilanzkennziffern. Begeisterungsfähigkeit setzt vor allem Emotionen voraus. Es wird Zeit, dass die Unternehmensvertreter ihre Forderungen nach Leidenschaft und Begeisterungsfähigkeit nicht unglaubwürdig machen, indem sie im Unternehmensalltag fortwährend »professionelles«, eben unemotionales Verhalten einfordern.

Prinzip 6

Augenhöhe

»Ein guter Verkäufer muss ein so dickes Fell haben, dass er auch ohne Rückgrat stehen kann.«

Unbekannte Quelle

Die eher als trauriger Witz einzustufende oben zitierte Verkäuferweisheit ist leider für viele Vertriebsmitarbeiter und Vertriebschefs ernst gemeinter Ansporn: Sie meinen, sie müssten sich viel gefallen lassen und sich dazu eben »ein dickes Fell wachsen lassen«, um all die Anspielungen bis Unverschämtheiten aushalten zu können, die ihnen im Verkaufsalltag zugemutet werden.

Nicht unähnlich verhält es sich bisweilen im »Bewerberalltag« – allerdings nicht für Verkäufer, sondern für Manager! Ist es doch allgemeiner Glaube, dass ein Bewerber »sich gut verkaufen muss« – und dass er sich im Umkehrschluss leider schlecht verkauft hat, wenn er nicht eingestellt wurde. Muss der sich bewerbende Manager »ein guter Verkäufer sein«, also auch ein dickes Fell haben und sich einiges zumuten in den Gesprächen?

Googeln Sie nur einmal »Guter Verkäufer dickes Fell«, und Sie werden vermutlich überrascht bis entsetzt sein, dass die oben zitierte »Weisheit« offenbar mehr als salonfähig ist: Sie wird häufig sogar explizit von vermeintlichen Experten empfohlen!

Fehlende Augenhöhe, signalisiert durch Hinnehmen von indiskreten Fragen oder respektlosem Verhalten, ist gänzlich unannehmbar, zudem kontraproduktiv. Der wichtigste Grund, warum Sie es nicht dulden können, sich so behandeln zu lassen: Achten Sie stets auf Ihre psychische Hygiene und eine gesunde Selbstwahrnehmung. Dies schulden Sie sich persönlich. Darüber hinaus ist sie unter anderem Voraussetzung, auch später wieder respektierte C-Level-Positionen ausfüllen zu können.

Ein Grund für gelegentliches Verkennen der Augenhöhe auf

CEO-TIPP Freie Märkte kennzeichnet: »Jeder kann, keiner muss zueinander kommen.« Das gilt natürlich auch für den Arbeitsmarkt. Warum sollte dort der Grundsatz der Augenhöhe nicht gelten und eine Partei der anderen dankbar sein, dass sie mit ihm kontrahiert?

Arbeitgeberseite ist die mangelnde Einsicht, dass es sich auch beim C-Level-Arbeitsmarkt um eben einen *Markt* handelt – auch für Bewerber. Und in oligopolistischen, gar atomistischen Märkten muss niemand mit dem anderen kontrahieren. Jeder kann, keiner muss zueinander kommen. Sie sind auf kein einzelnes Unternehmen angewiesen. Bei halbwegs systematischer Marktansprache können Sie immer unter verschiedenen Alternativen auswählen.

Umgekehrt sind Sie nicht unverzichtbar. Außer Ihnen gibt es immer noch andere grundsätzlich auch geeignete Manager, die die Position ausfüllen könnten. Eine ganz normale Marktsituation mithin, jede Respektlosigkeit ist daher von vornherein unangebracht und unklug. Aber auch jede arbeitgeberseits erwartete »Dankbarkeit« ist von vornherein verfehlt. Sie müssen keineswegs »dankbar« sein, dass Sie beispielsweise 200 000 Euro Grundgehalt bekommen sollen. Das steht Ihnen zu, und jeder andere qualifizierte Manager mit entsprechendem Track Record würde ebenso vergütet werden. Das sind keine Geschenke, sondern Gegenleistungen. Diesen Grundsatz des Gebens und Nehmens vergessen bisweilen Headhunter und Personalchefs, aber auch Aufsichtsräte oder Eigentümerunternehmer. Umgekehrt muss natürlich auch Ihnen niemand »dankbar« sein, dass Sie erwägen, an Bord zu gehen!

Mythos Motivationsschreiben

Mit anderen Worten: Augenhöhe ist ein Grundprinzip jeder selbstbewussten Bewerbung. Alleine die Terminologien »Bewerbung«, »Kandidat«, »Stärken-Schwächen-Darlegung«, gar »Motivationsschreiben« täuschen so manchen Manager des Arbeitgeberlagers mit überschäumendem Selbstbewusstsein über die Realität hinweg. Das kann sie teuer zu stehen kommen.

CEO-TIPP Zum komischsten bei Bewerbungsverfahren zählt das Ansinnen eines Unternehmensvertreters, vom Bewerber ein »Motivationsschreiben« zu fordern. Woher soll ein Manager vor dem ersten Gespräch wissen, ob er eine Vakanz überhaupt will, oder warum sollte er dies auch noch schriftlich vorab begründen? Hier würde das Pferd von hinten aufgezäumt.

Apropos »Motivationsschreiben«: Motivationsschreiben für C-Level-Manager gehören wahrhaftig zu den köstlichsten Missverständnissen, die vorstellbar sind. Als wir zum ersten Mal in unserer Praxis hierauf gestoßen sind, wollten wir es gar nicht wahrhaben: Unter Motivationsschreiben versteht man offenbar ein relativ neues Selbstpräsentationselement im Bewerbungsverfahren. Wird explizit ein Motivationsschreiben »verlangt«, so soll es dem Bewerber die Chance geben, seine ganz besondere Motivation für genau die angestrebte Aufgabe zu erläutern. Mit diesem Schreiben, so die wohl gängige Definition, habe der Bewerber »die Chance«, sich und seinen Leistungswillen, seine Ziele und Motive noch einmal genauer und ausführlicher vorzustellen. Das Motivationsschreiben böte damit besonderen Raum für Individualität, die natürlich auch zu nutzen sei, insbesondere dann, wenn das Vorlegen eines solchen »verlangt« würde.

Im vorletzten Jahr bat uns ein Klient, der mehrere Jahre Alleinvorstand eines Unternehmens mit mehreren Hundert Millionen Euro Umsatz war, um eine Empfehlung, wie er auf das Ansinnen der Executive-Search-Beraterin Frau Dr. Hartmut reagieren solle. Nach einer telefonischen Ansprache bat sie ihn, er möge doch bitte seine Bewerbung einschließlich »Motivationsschreiben« schicken. Der Authentizität halber – auch als Beispiel gelebter Emotionalität – wird auf Seite 136 der Wortlaut der Original-E-Mail, die unsere Antwort enthielt, abgedruckt.

Herr Richter hatte keine Fragen mehr, vertrat unsere Einschätzung und schickte kein Motivationsschreiben. Er ist heute noch Geschäftsführer in genau dieser Position, die er aufgrund der Ansprache durch Frau Hartmut geprüft und dann verhandelt und schließlich angenommen hatte.

»Motivationsschreiben« sind für C-Level-Manager gänzlich unangemessen. Aber auch für Manager der mittleren Führungsebene

Hallo Herr Richter,

wir vermuten, wir sind uns einig: Nicht nur bei Frau Dr. Hartmut, sondern bei allen Headhuntern und Personalchefs, Vorständen etc. bestimmen *Sie* mit, was geschieht und was nicht. Zum einen aus Selbstschutzgründen, zum anderen begegnen Sie auch »in der Bewerbung« selbstverständlich Ihren Gesprächspartnern auf Augenhöhe und bleiben souverän. Was Sie nicht nachvollziehen können, lassen Sie sich erklären. Wenn es Sie nicht überzeugt, empfehlen wir es auch nicht zu machen. Wir haben da schon einigen Blödsinn erlebt. Und ein »Motivationsschreiben« ist eine Kinderei: Sie sollen erklären, warum Sie diesen Job, den Sie noch gar nicht richtig kennen können, wollen. Das ist einfach kompletter Unsinn! Und ein »allgemeines Motivationsschreiben« nach dem Motto »Wer ich bin, was ich will, was treibt mich an« ist nichts, was irgendjemandem weiterhilft, weil zu mindestens 80 Prozent vorgestanzt.

Mit anderen Worten: Wir empfehlen Ihnen, Frau Hartmut das, sofern es Sie überzeugt, freundlich mitzuteilen und ihr Ihren CV einfach zu schicken – genau so, wie er aktuell ist und ohne spezifischen Veränderungen. Sie sind Sie und werden durch ein Stellenangebot zu keinem anderen Vorstand! Entweder es gefällt ihr oder sie lässt es. Mir gefällt nebenbei bemerkt der Zeitdruck nicht, den sie, wie Sie schreiben, aufbaut. Sie sind Vorstand und parieren nicht auf Zuruf. Was glaubt Frau Dr. Hartmut eigentlich, was Sie den ganzen Tag zu tun haben? Noch wichtiger aber: Das ist der Versuch, die »Bewerber« in eine Bittsteller- und Antragsstellerposition zu bringen. Unsere Klienten haben etwas zu bieten, und die Unternehmer und Headhunter können sich freuen, wenn sie Gespräche mit ihnen führen und grundsätzlich erwägen, für sie zu arbeiten. Das ist vielleicht etwas überzogen formuliert, aber grundsätzlich sind wir vom Inhalt überzeugt.

Wenn noch Fragen offen sind oder Sie eine andere Auffassung vertreten, bitte melden.

Herzliche Grüße
Jürgen Nebel

oder solche ohne Führungsverantwortung sind sie fehl am Platz. In vielen Fällen verführen Sie lediglich die Bewerber zum Lügen, zumindest zum Beschönigen oder Fabulieren. Denn wie kann ein »Bewerber« aufgrund einer papiernen, von der Diktion her immer gleichen Stellenbeschreibung ein glaubwürdiges Motivationsschreiben abfassen? Ein individuelles gar? Er kennt die Stelle doch nur vom Papier her! Und aufgrund solch karger Informationen soll er nun »Feuer und Flamme« für die Position sein, »motiviert«, diese auszufüllen? Auf solche Ideen kommen vermutlich nur Personalverantwortliche, ganz gleich ob interne oder externe. Bei operativ Verantwortlichen ist dies kaum vorstellbar. Über solche hingehaltenen Stöckchen zu springen demonstriert sicher keine Augenhöhe.

Mehr noch, sie kann der psychischen Selbsthygiene schaden, weil kaum jemand auf knappe Stellenbeschreibungen – ohne je einen Unternehmensvertreter persönlich gesprochen zu haben – glaubhaft eingehen kann. Er wird also etwas schreiben, was er selbst nicht glauben kann. Das widerspricht zudem dem Gebot der Wahrhaftigkeit. Personaler, die das fordern, stiften zu Unehrlichkeit an, denn sie verlangen durch das Motivationsschreiben implizit, dass sich der »Bewerber«, auf Mutmaßungen gestützt, »passend macht«, dass er »sich verkauft«, wo Rückgrat gefordert wird.

Wechselseitige Motivationsergründung

Augenhöhe bedeutet, wechselseitig die Motivation zu erforschen. Denn natürlich ist es legitim, dass das Unternehmen Ihre Motivation, die Aufgabe gegebenenfalls zu übernehmen, kennen möchte – aber eben erst im persönlichen Gespräch, nachdem viele Umstände gemeinsam erörtert wurden. Natürlich heißt dies, dass Fragen wie »Warum glauben Sie, dass Sie der Richtige für diese Aufgabe sind?«, wenn sie zu Beginn

CEO-TIPP Lassen Sie sich nicht in die Defensive drängen – auf Fragen wie »Warum glauben Sie, dass Sie der Richtige für diese Aufgabe sind?« ist nur zu antworten: »Das weiß ich noch nicht, ob ich das bin. Deswegen sitzen wir ja überhaupt erst hier zusammen.«

der Gespräche gestellt werden, kurzerhand zurückzuweisen sind: »Das weiß ich noch nicht, deshalb sitzen wir ja zusammen, um dies herauszufinden. Vorstellbar ist es natürlich nach wechselseitiger Prüfung der schriftlichen Informationen, sicher keineswegs.«

Referenzen einholen?

Wechselseitige Motivationsergründung heißt aber auch, dass der C-Level-Manager berechtigt ist, im persönlichen Gespräch die Motivation der Unternehmensvertreter zu ergründen. Er ist hierzu nicht nur berechtigt, sondern geradezu verpflichtet, um die Wahrscheinlichkeit zu erhöhen, die richtige Entscheidung für ein Unternehmen zu treffen. Ob hierzu das Einholen von Referenzen über den künftigen Chef gehört, steht auf einem anderen Blatt. Sie lesen richtig: Verbreitet ist, dass vor Besetzung von Topmanagementpositionen Referenzen über den »Bewerber« eingeholt werden, die dieser benennt. Warum, bitte schön, sollten Manager nicht ihrerseits Referenzen über ihren künftigen Chef einholen? Zeigen sich nicht im persönlichen Gespräch beide Seiten von ihrer jeweils schönsten Seite? Und das ist naturgemäß eine unzureichende Grundlage für eine vernünftige Entscheidung. Daher holen Unternehmen Referenzen über den Bewerber ein, in der Hoffnung, sie könnten so noch mehr über ihn erfahren und die bessere Entscheidung treffen. Warum soll das nicht auch für den »Bewerber« gelten? Hat er nicht mindestens so viel zu gewinnen und zu verlieren wie das Unternehmen?

Der Schaden einer Fehlbesetzung auf oberer Managementebene ist in aller Regel beachtlich. Dabei stehen meist der Zeitverlust und Imageschaden sowie die »Unruhe« innerhalb der Führungsmannschaft des Unternehmens im Vordergrund, nicht so sehr die finanziellen Verluste, die mit einer Fehlbesetzung samt ihrer Korrektur einhergehen. Der persönliche Schaden, der einem C-Level-Manager zugefügt wird, der seine Entscheidung für das Unternehmen auf unzureichender, womöglich falscher Grundlage trifft, ist gleichfalls sehr hoch, womöglich größer. Jedenfalls sind seine Interessen gleichermaßen schützenswert. Daher könnte er ebenfalls Referenzen über seinen künftigen Chef einholen, denn die persönliche Zusammenarbeit »mit der direkten Berichtslinie« ist im Alltag und damit für den Gesamterfolg von großer Bedeutung.

Viele sich jovial gebende Chefs, manchmal auch die, die es wirklich sind, offenbaren nach einem mit verbindlicher Attitüde geführten »Vorstellungsgespräch« eine erstaunliche Kehrtwendung in der tatsächlichen Zusammenarbeit. Plötzlich erkennt der verwunderte, ehemalige Bewerber in seinem Vorgesetzten einen unvermuteten Hang zum Gutsherrentum, zum cholerischen Aufbrausen oder zur nonchalanten Golfplatzmentalität, dem mehr am Austausch, Repräsentieren oder Befehlen gelegen ist, der aber Fachkompetenzen oder Führungsstärke vermissen lässt. Das Leben ist kein Wunschkonzert – oder wie die besänftigenden Sprüche auch immer lauten mögen –, aber der Manager möchte doch ganz gerne vorher wissen, worauf er sich einlässt. Und die hier skizzierten Unternehmer- oder Aufsichtsratscharaktere gibt es schon öfter einmal. Manche Manager können ganz gut mit ihnen leben und sogar ordentliche Erfolge mit ihnen auf die Beine stellen.

Nur schön wäre es, wenn der Bewerber vorher wüsste, was ihn nachher erwartet. Daher die Überlegung, die andere Seite um Referenzen zu bitten. Diese Idee ist unseres Wissens bislang nicht umgesetzt worden. Sie kommt von einem unserer besonders gut »aufgestellten« Klienten, der zig Erstgespräche führte und tatsächlich unter vielen hochdotieren Vertragsangeboten auswählen konnte. Nach ausgiebiger Erörterung setzte er diese Idee nicht um. Hauptgrund war der Zweifel am Wert von Referenzen überhaupt: Nur wirklich versierte Interviewer können durch einen Referenzgeber Einblicke, gar neue Erkenntnisse gewinnen. Meist antworten die Referenzgeber nur wohlwollend, und die Referenzeinholenden sind nicht selten nur an neuen Kontakten interessiert. Gerade externe Headhunter sind bisweilen an Referenzgebern vor allem im Hinblick auf mögliches Neugeschäft interessiert und fragen den Referenzgeber nicht gerade insistierend aus oder durchleuchten intelligent-investigativ dessen gemachte Erfahrungen und wahren Einschätzungen.

Eine nicht jedem C-Level-Manager zum Nachahmen empfohlene Steigerung des Umkehrens herkömmlicher Gepflogenheiten ist die Frage an den interviewenden Vorstandsvorsitzenden, warum er denn auf die Initiativbewerbung reagiert, was ihm denn offenbar besonders daran gefallen habe. Denn schließlich hat nicht jeder mit einer Einladung geantwortet. Das lässt sich grundsätzlich auch anwenden, wenn die Bewerbung aus einem Stapel herausgefischt wurde, der sich aufgrund einer offenen Ausschreibung auf dem Schreibtisch des Verantwortlichen aufgetürmt hat. Diese »Umkehrfrage« demonstriert Augenhöhe par excellence. Den meisten C-Level-Managern dürfte das aber zu Recht einen Tick zu viel sein. Für so viel Chuzpe muss man einfach der Typ sein, damit es authentisch und nicht keck wirkt. Mit freundlichem Augenzwinkern vorgetragen, mag das für einen Vertriebsmanager in Ordnung sein – und einer unserer Vertriebsklienten hat genau das gemacht und wohlwollendes Verständnis für seine Frage geerntet. Immerhin, der Vorstandsvorsitzende, der ihn interviewte, war durch die Akzeptanz der Frage gehalten, sich Gedanken über die Gründe seiner Einladung zu machen und sie mitzuteilen.

CEO-TIPP Bewerber mit Chuzpe fragen bisweilen den Unternehmensvertreter, der auf ihre Initiativbewerbung geantwortet hat: »Was hat Ihnen an meiner Bewerbung so gut gefallen, dass Sie mich eingeladen haben?«

Was nach unserer Überzeugung völlig unangebracht ist und Sie sofort auf eine Stufe unter die Ihres Gesprächspartners drückt, wäre Ihre Frage, was Sie denn besser machen könnten, zum Beispiel bezogen auf Ihre Unterlagen oder Ihren persönlichen Auftritt. Das ist aus Gründen der Gleichwertigkeit und der Wahrnehmung Ihrer (künftigen) Position durch den Gesprächspartner einfach sehr ungeschickt. Sie erheben ihn zum Richter über Ihre Person!

CEO-TIPP Nur in Ausnahmefällen sollten Sie Ihren Interviewpartner fragen, welche Ratschläge er Ihnen auf den Weg geben könnte. Allzu leicht wird aufgrund solcher Fragen auf mangelnde Augenhöhe geschlossen.

Abgesehen davon, dass manche Ihrer Gesprächspartner Urteile über Sie oder Empfehlungen an Sie abgeben dürften, die von unzureichender Urteilskraft geprägt sind oder mehr über Ihren Gesprächspartner verraten als über Sie, ist es eine subjektive Einschätzung, die Sie nicht unbedingt umsetzen können, noch seltener wollen. Schon Descartes wusste: »Was Peter über Paul sagt, sagt mehr über Peter als über Paul!« Ausgenommen hiervon sind freilich Gesprächspartner, gleichviel ob operativ verantwortlich, Personalchef oder Executive-Search-Berater, die Sie menschlich und/oder fachlich sehr beeindruckt haben und mit denen das Gespräch in respektvollem wertschätzendem Geist verlaufen ist. In diesen besonderen Fällen vergeben Sie sich nichts, wenn Sie sich sozusagen zum Abschluss des Gesprächs noch eine persönliche Bereicherung mit auf den Weg geben lassen und nachfragen, was er Ihnen raten könnte.

Leider haben wir schon des Öfteren festgestellt, dass viele Gesprächspartner ungebeten den Bewerbern ihre Erkenntnisse und Empfehlungen aufdrängen. Da bleibt Ihnen in der Regel als Reaktion nur Gelassenheit übrig. Trennlinie zwischen hilfreichen und nicht hilfreichen Ratschlägen dürfte sein, ob derjenige Ihnen erkennbar helfen will, Sie also sein menschliches Wohlwollen haben. Oder ob er lediglich seinem eigenen Ego schmeicheln oder seine »übergeordnete Position« unterstreichen will, indem er Ihnen seine Erfahrung mit auf den Weg gibt. Bei internen oder externen Personalverantwortlichen verbirgt sich oft hinter offen zur Schau getragener Überlegenheit – und sei es nur bezüglich des behaupteten Wissens, welches Verhalten angemessen ist – ein gerütteltes Maß an Unmut darüber, dass der »Bewerber« eine eindrucksvolle Vita vorlegt, über größere Machtbefugnisse verfügt und alsbald wieder verfügen wird als er selbst, der lediglich eine beratende oder dienstleistende Funktion ausübt.

CEO-TIPP Fragen Sie doch einmal den Personalchef oder Vorstand nach den Stärken und Schwächen des Unternehmens! Das signalisiert nicht nur Augenhöhe, sondern kann Ihnen auch wertvolle Informationen für Ihre Entscheidung liefern.

Eine weitere Möglichkeit, vorher herauszufinden, was den Manager hinterher, also nach Verantwortungsübernahme, erwartet, ist eine Frage, die zugleich die notwendige Augenhöhe signalisiert: Welche Stärken und Schwächen kennzeichnen denn Ihr Unternehmen? Es ist legitim, wenn die »Bewerber« dies ein ums andere Mal gefragt werden, wenn auch nicht eben neu und selten erhellend. Daher ist es nur fair, wenn ein gestandener Manager, der im Begriff ist, sich für ein Unternehmen zu entscheiden, wissen will, was ihn tatsächlich, nach Einschätzung der Verantwortlichen, an Unternehmensaktiva und -passiva unterstützen oder entgegenschlagen wird.

Und es ist wahrhaftig keine Zumutung für einen Unternehmensvertreter, unvorbereitet und strukturiert die Stärken und Schwächen einmal unter umgekehrtem Vorzeichen, also von der anderen Seite des Tisches darzustellen. Denn nahezu alle Unternehmen arbeiten mit fremdem Kapital, und alle Banken oder Private-Equity-Gesellschaften überprüfen daher regelmäßig die Situation des Unternehmens, unter anderem anhand von Stärken-Schwächen-Analysen. Ein zweiter Grund, weshalb jeder Unternehmensverantwortliche die Stärken und Schwächen seines Unternehmens parat haben sollte, ist die eigene Strategieentwicklung. Klassischerweise werden in diesem Rahmen die Stärken und Schwächen wie auch die Chancen und Risiken (SWOT-Analyse) detailliert analysiert und unter anderem durch Unternehmensentwicklung, Unternehmenssteuerung, Riskmanagement und Compliance verwertet. Es ist also ein Leichtes, hierauf eine Antwort zu erhalten, die mit als Entscheidungsgrundlage herangezogen werden kann.

Die bescheidenste Form, Augenhöhe zu demonstrieren und zugleich Informationen für eine gute Entscheidungsgrundlage zu erhalten, dürfte wohl die arglos und strebsam daherkommende Frage sein: »Was kann ich denn in dieser Position, was kann ich denn von Ihnen lernen?« Indem man auch den künftigen Chef mit einbezieht, dreht man gewissermaßen den Spieß um: Sonst werden nur die Bewerber gefragt, was sie für die Aufgabe qualifiziert. Wenn Sie mit der berechtigten Frage kommen, was Sie dazulernen können, und zwar auch und gerade von Ihrem künftigen Chef, haben Sie das Einbahnstraßenmäßige üblicher Gesprächsverläufe erneut verlassen. Sie erhalten Informationen und setzen den Gesprächspartner auf Augenhöhe, Sie machen deutlich, dass Sie nicht schon dafür dankbar sein müssen, dass Sie erneut ein hohes sechsstelliges Grundgehalt beziehen würden, sondern darüber hinaus etwas für sich und

Ihre ganz persönliche, nicht nur berufliche Entwicklung tun wollen. Und nun ist es an Ihrem potenziellen Chef, etwas über sich persönlich zu sagen, was Gewicht hat.

Stolperfallen

Im Bewerbungsverfahren können auch einige Stolpersteine auf Sie warten, gerade, wenn es um das Prinzip der Augenhöhe geht. Wichtig ist, dass Augenhöhe auch Augenhöhe bedeutet. Es schließt aus, dass aufseiten des »Bewerbers« das Selbstbewusstsein überschäumt und die Unternehmensseite auch nur im Ansatz Gesichtsverluste hinnehmen müsste.

Streuen Sie Blumen

Einem Paukenschlag kommt das letzte Beispiel gleich, mit dem das Prinzip Augenhöhe abgeschlossen werden kann. Eine unserer Klientinnen war in der zweiten oder dritten Gesprächsrunde für die Position der Kaufmännischen Geschäftsführerin. Sie hatte durchblicken lassen, wie es ja auch sein sollte, dass sie noch weitere Gespräche mit anderen Unternehmen führte. Dies allein schon, um dem Irrtum vorzubeugen, dass, nur weil sie bereits freigestellt war, sie unter Druck stehe oder man sie zum »Schnäppchenpreis« bekommen könne. Daraufhin wurde sie konkret gefragt, was selten genug vorkommt, wie viele Gespräche sie denn führe. Wahrheitsgemäß erklärte sie, sie habe bei 14 Unternehmen Erstgespräche geführt, teilweise auch Folgegespräche. Der Personalchef in der Runde fragte daraufhin sichtlich überrascht, denn die Dame hatte bereits die 50 überschritten und nicht studiert, was dem Anforderungsprofil eigentlich nicht entsprochen hätte, auf welchem Platz denn dann sein Unternehmen stehe. Und sie antwortete knapp und wahrheitsgemäß: »Auf dem vierten.« »Oh, da müssen wir uns aber anstrengen«, war die Antwort. Ob das wohlüberlegt und klug war, ist schwer zu beantworten und bedürfte ausführlicher Erörterung. Ergebnis war, dass die Managerin dort noch zwei oder drei »Runden drehte«. Bei einer letzten Begegnung, einer Abendeinladung zum Essen zusammen mit Aufsichtsratsmitgliedern, die eigentlich nur noch pro forma »zum Kennenlernen weiterer Unternehmensvertreter« sein sollte, scheiterten dann die Verhandlungen. Vielleicht eine späte Retourkutsche?

Das Unternehmen zum Buhlen um den Bewerber zu drängen ist unfair und unklug. Unseren Klienten empfehlen wir, wie die Österreicher sagen würden, »Blumen zu streuen«, also die unverblümten Fakten hübsch zu verpacken: »Ich führe mehrere, auch schon recht konkrete Gespräche. Fachlich und menschlich scheint mir Ihr Unternehmen aber besonders passend. Ich könnte mir also aufgrund dessen, was wir bislang ausgetauscht haben, sehr gut vorstellen, dass wir zusammenkommen. Hierzu müsste ich aber noch ...« Natürlich sollten Sie das nur sagen, wenn das Unternehmen in Ihrer Gunst auch wirklich relativ weit vorne steht.

Wie passt dazu unsere spezifische Vorgehensweise? Die konzentrierte, initiative Ansprache einer größeren Zielgruppe ist, wie die hier abgedruckten Beispiele zeigen, stets absolut seriös, freundlich, sachlich und respektvoll, aber nie mit individuellem, empfängerbezogenem Text. Das wäre irreführend und ist gar nicht gewollt, weil der Leser schon aufgrund des Auftritts erkennen soll, dass dieses Anschreiben und diese Anlagen ganz offensichtlich an mehrere Unternehmen, an mehrere Entscheider gegangen sind: *Jetzt* ist ein bestimmter Bewerber auf dem Markt, *jetzt* ist er ansprechbar! Wenn mein Unternehmen es nicht tut, dann machen es andere, dann kommt dessen Potenzial einem Mitbewerber zugute. Ein gewisser, durch niemanden direkt hervorgerufener, gleichwohl offensichtlicher Zeitdruck geht damit einher. Tatsächlich gibt es viele Zielgruppenkurzbewerbungen, die sehr späte Unternehmensreaktionen nicht mehr mit einem Gespräch berücksichtigen können. Dieses offensichtliche Im-Wettbewerb-Sein mit anderen Unternehmen, die ebenfalls angeschrieben wurden, trägt gleichfalls zur erwünschten Augenhöhe bei. Warum sollte es Unternehmen anders gehen als Managern? Es ist ein Markt! Ein Markt mit jeweils mehreren Marktteilnehmern.

Und wie in jedem Markt sollte sich der Marktteilnehmer sehr gut überlegen, ob und gegebenenfalls inwieweit er von traditionellem Verhalten abweicht, er gar die Norm verletzt. Beispielsweise steht seit weit über 100 Jahren im Bürgerlichen Gesetzbuch (§ 670), dass anlässlich einer Bewerbung entstandene Reisekosten vom Unternehmen zu erstatten sind. Dies entspricht guter Tradition und erscheint auch angemessen, weshalb sich der Gesetzgeber einst für diese Normierung entschieden hat. Derjenige, der sich um die Besetzung einer Position bemüht, kann dieser Erstattungspflicht nur entkommen, wenn er diese *vorher* ausdrücklich ausgeschlossen hat. Das tun denn auch manche potenziellen Arbeitgeber, wenn auch zum Glück nur sehr wenige. Und manche dieser sehr einseitig auf ihren Vorteil bedachten Unternehmen machen dies vermutlich durchgängig so, unabhängig von der Hierarchieebene der zu besetzenden Position.

CEO-TIPP Leidig, aber vereinzelte Praxis: Wenn ein Unternehmen schon die Übernahme der Reisekosten zum Gespräch ablehnt, wird es sicherlich auch später übertrieben »sparsam« sein und disqualifiziert sich schon vor Gesprächsbeginn. Außerdem demonstriert es eindrucksvoll fehlende Augenhöhe, indem es davon ausgeht, dass Sie dankbar sein müssen, zum Gespräch geladen zu werden.

In unserer Praxis ist dieser Aufwendungsersatzausschluss schon mehrfach für verschiedene C-Level-Positionen im Vorfeld geltend gemacht worden, auch wenn es vielleicht nur ein oder zwei Prozent aller Einladungen betraf. Hier erübrigen sich Bewertungen. Nur bei ganz wenigen, wohlbegründeten Ausnahmen ist die Antwort eine andere als »Vielen Dank, das genügt«. Wenn schon vor der ersten Begegnung derjenige, der eine Position besetzen möchte, einen ganz ungewöhnlich großen Geiz offenbart – wie wahrscheinlich ist es, dass er sich im späteren Verlauf, gar nach einer Einstellung, anders verhält? Er offenbart einen Geiz, der rechtlich zwar mit ganz konkreten Einschränkungen erlaubt ist, moralisch aber Bände spricht. Von Augenhöhe kann da nicht die Rede sein. Offenbar wähnt sich der potenzielle Arbeitgeber in einer sehr starken Position, einer Position, die dem anderen scheinbar einen Gefallen erweist, für den er dankbar sein sollte, da er ihm doch anbietet, mit ihm persönlich zu sprechen, ihn womöglich sogar später einstellen würde! Diese allzu »kostenbewussten« Unternehmen verkennen völlig die verheerende Wirkung, die ihr offen zur Schau getragener Geiz auslöst: Im »War for talents« haben sie zu Recht ganz schnell den Kürzeren gezogen, und der Wettbewerb wird sie meist schnell dazu zwingen, vom hohen Ross herabzusteigen.

Bei der Beantwortung der so wichtigen Frage, wie bekommt der neue Manager vorher heraus, was ihn nachher erwartet, kann man sich ungeschickter kaum anstellen. Dieser Geiz verrät das Gegenteil von generösem Verhalten, er verrät Armseligkeit im Denken oder im Handeln. Schließlich investieren beide Seiten etwas für den Austausch: die identischen ein bis zwei Stunden Zeit für das Interview, darüber hinaus der »Bewerber« zusätzlich noch die Zeit für An- und Abreise. Da ist es nur recht und billig, mit dem finanziellen Ersatz der Aufwendungen gerade mal wieder ein Gleichgewicht herzustellen. Scheint aber das Unternehmen schon so klamm zu sein, dass es so einseitig mit den Interessen künftiger und sicherlich wohl auch gegenwärtiger Mitarbeiter umgeht, wird sich jeder C-Level-Manager die Frage leicht beantworten können, ob er für dieses Unternehmen tätig werden will.

Überhaupt sollte der C-Level-Manager vor seiner Entscheidung für ein Unternehmen auf alle Eindrücke achten, die er über das Unternehmen, seine Manager und Mitarbeiter sammeln kann. Dies fängt bei der Terminvereinbarung zum Erst- und den Folgegesprächen an – wie sorgfältig und in welchem Ton wird hier vorgegangen? –, geht über die Eindrücke, die Sie aufnehmen, wenn Sie am Empfang sitzen, bevor Sie abgeholt werden – wie begrüßen sich die Mitarbeiter, wie werden andere Wartende angesprochen? –, bis hin zur Atmosphäre insgesamt, die auf Sie wirkt, wenn Sie auf dem Firmengelände sind. Neben all den »harten Fakten«, die Sie selbstverständlich recherchieren und mit einbeziehen, sollten Sie die »weichen Faktoren« sehr wichtig nehmen.

Nachhaken?

Natürlich wirft sich im Zusammenhang mit der empfohlenen Augenhöhe die Frage auf, ob diese noch gewahrt bleibt, wenn Sie nach den Gründen für die Nichtfortsetzung des Bewerbungsverfahrens fragen, also wenn Sie eine »Absage« erhalten haben. Ist es sinnvoll, beispielsweise nach einem ersten Kennenlerngespräch, dem keine zweite Einladung folgte, nachzufragen, weshalb die Gespräche nicht fortgesetzt wurden?

Sollte man machen, denn grundsätzlich geht doch nichts über Erkenntnisgewinn, oder? »Kontinuierliche Verbesserungsprozesse« sind Standard in der Wirtschaft, und kluge Manager nutzen diese Prinzipien auch für sich und ihre Karriere. Warum also nicht nachfragen, weshalb Gespräche seitens des potenziellen Arbeitgebers nicht fortgesetzt werden?

Zuerst ist zu fragen, wie groß denn der Erkenntnisgewinn überhaupt sein könnte und welcher Art er wohl wäre. Was sind denn die häufigsten Gründe, warum es nach einem ersten Interview zu keinem weiteren Gespräch mehr kommt? In Betracht kommen:

- Ein anderer Manager wurde bevorzugt, der ein *geringeres* Jahresgehalt anstrebte, der jünger ist oder älter und Ähnliches.
- Ein anderer Manager wurde bevorzugt, der *schneller* die Position übernehmen konnte als Sie, da Sie gegebenenfalls noch länger anderweitig gebunden sind.
- Ein anderer Manager wurde bevorzugt, der dem künftigen Chef augenscheinlich *nicht gefährlich* werden würde.
- Ein anderer Manager wurde *zu Unrecht* als geeigneter angesehen. Kandidatenauswahl ist – vor allem, wenn sie sich nur auf Interviews stützt – nicht objektiv. Sie hat keinerlei Verwandtschaft zu Mathematik oder Naturwissenschaft, schon eher zu Jura oder Germanistik, wo nachweislich identische Arbeiten von verschiedenen Korrektoren unterschiedlich bewertet wurden: die einen gaben Bestnoten, die anderen ließen die Arbeit durchfallen.
- Ein anderer Manager wurde verpflichtet, der tatsächlich für die-

se Stelle über noch mehr beziehungsweise *spezifischere Erfahrung* verfügt, häufig ist es eine bestimmte Branchenerfahrung.

Und selbstverständlich kann es auch eine Kombination vorstehender Möglichkeiten sein. Was wollen Sie mit diesen Erkenntnissen, *sofern* Sie sie überhaupt auf Nachfragen erhalten, anfangen? Oft würde Ihnen sowieso nicht die Wahrheit gesagt werden. Was nutzt es Ihnen? Was können Sie ändern? Gar nichts. Es lohnt sich daher selten, allzu lange auch nur darüber *nachzudenken*, warum nach einem Gespräch keine weiteren angeboten wurden. Noch viel seltener lohnt es sich, die Gesprächspartner nach den »wahren« Gründen zu fragen. Meist werden sehr oberflächliche Begründungen angegeben. Man will Ihnen gar nicht die Wahrheit sagen.

Nur in Ausnahmefällen können Begründungen hilfreich sein, etwa wenn Ihre Gehaltsvorstellungen des Öfteren als zu hoch bezeichnet werden. Möglicherweise sind dann Ihre Wünsche nicht marktkonform, aufgrund von ein oder zwei vereinzelten Aussagen lässt sich dies jedoch keineswegs sicher vermuten.

Hier sollten Sie nachfragen

Andere praxiserprobte Fragen, die Sie im Verlauf des Bewerbungsgesprächs stellen können, dienen dagegen sehr wohl dem Ziel, Augenhöhe zu signalisieren. Dies ist aber bei den nachfolgend erörterten Frageoptionen keineswegs das eigentliche Ziel. Vielmehr geht es vorrangig darum, im Gespräch herauszubekommen, was Sie nachher ab Verantwortungsübernahme erwartet. Zumindest erhöhen diese Fragen die Wahrscheinlichkeit, wichtige Informationen zu erhalten. Denn noch sind Sie in Ihrer Entscheidung für oder gegen einen bestimmten Arbeitgeber frei und wollen legitimerweise – genau wie die Gegenseite auch – wissen, was Sie zu erwarten haben. Hinzu kommt, dass solche Fragen die erforderliche Augenhöhe dokumentieren. Zu den klassischen Fragen gehören:

- »Gibt es außer den eben zusammengefassten Merkmalen weitere, die der künftige Stelleninhaber erfüllen sollte und die wir noch nicht erörtert haben?« Vergleichen Sie hierzu bitte die »Stufe 3: Fragen zuspitzen« unseres »Dreistufigen Kommunikationsvorgehens«. (Seite 117)

- Diese erste Teilfrage kombinieren Sie am besten gleich mit der zweiten Teilfrage: »Was gibt es darüber hinaus, jenseits der Position, was ich noch wissen sollte, weil es sich auf die Position auswirken könnte, also etwa bezüglich der Wettbewerbssituation in der Branche, bezüglich der Beteiligungen, der Finanzierung, der gewerblichen Schutzrechte, wichtiger Kundenbeziehungen? Was alles können Sie mir vertretbarerweise jetzt schon mitteilen, weil es für meine Entscheidung für Ihr Unternehmen relevant sein könnte?«
- »Welche Stärken beziehungsweise welche Schwächen hat Ihr Unternehmen?« Diese Frage sollte keinen Entscheider überfordern: Stärken-Schwächen-Analysen gehören schließlich zum festen Repertoire eines jeden Investmentbankers, jedes Börsenanalysten und jedes M&A-Managers. Auch jede Bank durchleuchtet ein Unternehmen vor und während der Finanzierungsgespräche und schließlich bei der Rating-Festlegung. Die Entscheider eines Unternehmens haben mit diesen Managern zu tun und sich auch im Rahmen eigener Unternehmensstrategieentwicklung damit befasst. Eine gehaltvolle und umfassende Antwort sollte also unmittelbar erfolgen – nicht anders, als auch jeder C-Level-Manager gleichsam auf Knopfdruck seine Stärken und Schwächen abrufen kann.

Dass Sie solche Fragen völlig entspannt stellen können, weil Sie aufgrund vieler Gespräche quasi nirgendwo unbedingt eine Vakanz besetzen wollen, setzt, wie in diesem Buch gezeigt, eine bestimmte Methode voraus, eine Vorgehensweise, die mit Fug und Recht als Strategie bezeichnet werden kann – mehr dazu erfahren Sie im nächsten Kapitel.

Prinzip 7

Strategie & Kybernetik

»Wer den Hafen nicht kennt, in den er segeln will, für den ist kein Wind der richtige.«

Seneca

Diese hier beschriebene Methode wurde in der Praxis entwickelt und verfeinert. Sie ist deshalb so wirksam, weil sie strategischen und kybernetischen Grundprinzipien folgt und diese konsequent umsetzt. Kybernetik ist die von Norbert Wiener begründete Wissenschaft der Steuerung und Regelung von Maschinen, lebenden Organismen und sozialen Organisationen, kurz auch die »Kunst des Steuerns« genannt. Die Kybernetische Managementlehre (auch: Engpasskonzentrierte Strategie EKS) von Wolfgang Mewes basiert unter anderem auf kybernetischen Grundprinzipien. Für die EKS werden heute vielfach auch die Bezeichnungen Energo-Kybernetische Strategie und Evolutionskonforme Strategie verwandt.

Ihre Beiträge zum Unternehmenserfolg

Die Wirksamkeit der Methode basiert unverzichtbar auf einer sehr präzisen, einer akribischen Erfassung dessen, was Sie in Ihrem bisherigen Berufsleben unter Erfolgsgesichtspunkten erreicht haben. Dies ist keine L'art-pour-l'art-Beschäftigung theoretischer Art, die Sie abstrakt notieren, um sie dann als Statusbeschreibung abzuheften. Sie ist vielmehr von Anfang an eine sehr konkrete Beschreibung Ihrer »Beiträge zum Unternehmenserfolg«. Und da Sie diese schon für Ihren »langen Lebenslauf« entwickeln, ist sie ganz praktischer Natur, denn Sie verwerten sie von Anfang an!

Die Langversion Ihres CV

Erfahrungsgemäß lassen sich wirklich gute Ergebnisse nur erzielen, wenn Sie diese Methode gewissenhaft umsetzen, also auch und gerade die Grundlagenarbeit akribisch leisten. Unverzichtbare Voraussetzung ist das detaillierte Auflisten dessen, was Sie an Beiträgen zum Unternehmenserfolg in den jeweiligen Stationen geleistet haben. Diese ordnen Sie zunächst entsprechend ihrer zeitlichen Abfolge im langen CV – wo sie ohnehin erforderlich sind, um ihm Substanz zu geben. Dies ist zugleich die beste und präziseste Analyse Ihrer Person als Manager, wie das folgende Beispiel des langen Lebenslaufs von Paul Trullenberg zeigt.

Der lange CV ist also zugleich eine Analyse! Und jede Strategie setzt notwendig eine Analyse voraus. Wenn Sie nicht wissen, wo Sie stehen und worüber Sie verfügen, können Sie auch nicht kreativ-systematisch herausfinden, wo Sie hin wollen und wo Sie realistischerweise überhaupt hin können.

Das Konzentrat Ihrer Strategie: Das Kurzdokument

Das Entwickeln Ihrer Unterlagen, so wie es in diesem Buch beschrieben ist, folgt also den erprobten Prinzipien einer jeden Strategieentwicklung. Zunächst nehmen Sie komplett die Beiträge zum Unternehmenserfolg aus der Lang-CV-Version und kopieren Sie in eine neue Datei, die zum Kurzdokument »Beiträge zum Unternehmenserfolg« weiterentwickelt wird. Nur dieses Kurzdokument wird zusammen mit dem wirklich kurzen Anschreiben und der Executive-Summary-Version des CV an die Zielgruppe geschickt.

Damit wären wir beim nächsten Strategieschritt: Ihr Blick wendet sich von der nach innen gerichteten Analyse auf die

CEO-TIPP Schon das Entwickeln Ihrer Bewerbungsunterlagen folgt den erprobten Prinzipien einer jeden Strategieentwicklung: Am Anfang steht die Analyse – denn Ihr minutiös die Beiträge zum Unternehmenserfolg auflistender langer CV ist die Grundlage für die Strategieentwicklung, deren Ergebnis sich in den Kurzdokumenten spiegelt, die Sie an die Zielgruppe schicken.

außen vermuteten Möglichkeiten! Denn nun gilt es, dasjenige aus dem Lang-CV herauszufiltern, was Sie »zu Markte« tragen wollen. Wegen der Kürze des zur Verfügung stehenden Platzes (maximal zwei Seiten bei doppelseitigem Druck) sind Sie gezwungen, sich zu beschränken und Profil zu zeigen. Würden Sie mehr schreiben, liefen Sie große Gefahr, gar nicht gelesen zu werden. Sie werden daher nur dasjenige aus der Lang-Version auswählen, von dem Sie annehmen können, dass es am Markt honoriert und gebraucht wird. Und Sie werden neben dem vermuteten Marktinteresse gleichermaßen das herausfiltern und damit hervorheben, was Ihren Wünschen und Zielen entspricht. Persönliche Ziele und Wünsche sind also gleichgewichtig zum Marktinteresse.

Im Einzelfall kann das bedeuten, dass Sie Beiträge zum Unternehmenserfolg und die damit verbundenen Fähigkeiten gar nicht in den im ersten Schritt versendeten Dokumenten verwenden. So zum Beispiel, wenn Sie bestimmte Dinge zwar erfolgreich umgesetzt haben, diese aber ungern in der nächsten Position erneut machen wollen. Umgekehrt können Sie Unternehmenserfolgsbeiträge anführen, die Sie selten oder eher in unbedeutendem Maße verwirklicht haben, worauf Sie aber künftig mehr Lust haben! Das ist legitim. Ihr Blick wandert also hin und her zwischen dem, was gewesen ist, dem, was der Markt augenscheinlich will, und dem, was Sie wollen. Wo Sie den Schwerpunkt setzen, bleibt Ihnen überlassen. Dieses Sich-Entscheiden durch Herausfiltern ist der zweite Schritt jeder typischen Strategieentwicklung: Ziel festlegen!

Hieraus ergibt sich etwas, was uns zunächst überrascht hatte, sich aber als logische Folge der Vorgehensweise erwies. Wer mit Bedacht so verfährt, wird mit seinen Unterlagen verstärkt die Empfänger und diejenigen Unternehmen ansprechen, die genau so einen Typus Manager, wie Sie es sind (bzw. künftig vermehrt sein wollen), suchen. Einer unserer Klienten formulierte die auch für ihn überraschenden Reaktionen so drastisch, dass wir es hier nur verkürzt wiedergeben wollen.

CEO-TIPP Erstaunlich ist, dass die präzise Umsetzung dieser Methode regelmäßig eine besondere Resonanz bei den passenderen Zielgruppen beziehungsweise Unternehmen erzeugt und umgekehrt zu einer geringeren Resonanz bei den weniger passenden führt.

Paul Trullenburg

Diplomkaufmann, Industriekaufmann

geboren am 2.11.1968 in Freiburg i. Br.
44 Jahre, verheiratet, drei Söhne

Head of Group Accounting & Insurance, Head of Financial Services, Aufsichtsrat, internationaler Bilanzierungsexperte, Prüfungsleiter

Nachhaltige Erfolge, gleichermaßen in eigentümergeführten, mittelständischen Unternehmen und in internationalen Konzernen, u.a. im Private Equity Umfeld

Verantwortung:
Bereichsleiter Accounting und Versicherungen sowie Financial Services, Externe IFRS, Kapitalmarkt-Berichterstattung, IFRS Competence + M&A Projects, Statutory Accounting, Group Consolidation, Internationale Bilanzierung, Prüfungsleiter von eigentümergeführten, mittelständischen Unternehmen bis zum DAX Konzern

In der Hegenwiese 7 | 22926 Ahrensburg
Mobil: +49 (0)170 323 9003 | E-Mail: p.trullenburg@t-online.de

Beruflicher Werdegang

01.2009 – heute **Portus Holding GmbH, Hamburg**

Die Portus Holding ist 2007 entstanden durch Verkauf der Maschinenbau-Sparte der Suebia AG an die Finanzinvestoren **Blackpoint Group** und **Opex Partners**, europäischer Marktführer für Verpackungsmaschinen mit den Marken Suebia Prime und Donnerkrat, weltweit Nummer zwei, Wachstumsregionen Asien (ohne Japan), Südamerika und Osteuropa, 31.000 Mitarbeiter im Konzern und rd. € 6,5 Mrd. Umsatz, weltweit über 110 konsolidierte Tochtergesellschaften.

01.2009 – heute **Head of Group Accounting & Insurance (ppa.)**

In Personalunion:

09.2009 – heute **Head of Financial Services (Leasing)**

- Aufgrund sehr guter Arbeitsergebnisse in den zuvor bereits bestehenden Aufgabenfeldern im September 2009 die zusätzliche Verantwortung für den Bereich Financial Services übertragen
- 18 Mitarbeiter, davon sechs »Direct Reports« (leitende Angestellte und Abteilungsleiter), Budgetverantwortung für € 5,5 Mio., verantwortlich für die Abteilungen External Reporting (IFRS), IFRS Projects & Competence, Statutory Accounting (HGB), Financial Services (Leasing) und Insurance
- External Reporting: Erstellen kapitalmarktfähiger IFRS-Konzernabschlüsse und Lageberichte sowie des Bond Reportings (Jahr, Halbjahr, Quartal), Sicherstellen der Datenbasis für das monatliche Management-Reporting und Banken-Reporting (inklusive Covenants Berechnung), Sicherstellen der konsolidierten Datenbasis für die Unternehmensplanung (Budget und Mittelfristplanung)
- IFRS Projects & Competence: Richtlinienkompetenz für die Bilanzierung nach IFRS und HGB, Verantwortung für die jeweiligen Bilanzierungsrichtlinien, Bearbeitung aller bilanziellen Sonderthemen (weltweit), Verantwortung Accounting & Reporting im Rahmen von M&A Projekten
- Statutory Accounting: Verantwortung der Einzelabschlüsse und Lageberichte der Portus Holdinggesellschaften sowie Erstellung des Einzelabschlusses und des Lageberichts der Suebia AG, Ingelfingen (Bilanzsumme € 4,3 Mrd.), Verantwortung für das Backoffice Treasury, weitere Einzelabschlüsse von Immobiliengesellschaften und Pension Trusts
- Financial Services für das Leasinggeschäft: Risikomanagement, Controlling und Accounting für das Leasingportfolio (Portus als Industrieleasinggeber) von zuletzt 310.000 Geräten mit einem Marktwert von € 3,2 Mrd.
- Insurance: Sicherstellen und Optimieren des Versicherungsschutzes für den Konzern in Zusammenarbeit mit einem externen Makler, Richtlinienkompetenz für das Portus Versicherungswesen, direkte Berichtslinie an den CFO der Portus Holding, seit Juni 2012 an den Global Head of Accounting, Financial Services, Tax, Insurance und Internal Audit

- Mitglied des Aufsichtsrats der Suebia AG, Ingelfingen (2009 bis 2011), persönliches Führen der Informationsgespräche zum Jahresabschluss mit den Arbeitnehmervertretern im Vorfeld der AR-Sitzung, Erstellung der entsprechenden Präsentationen für die AR-Sitzung
- Mitglied des Aufsichtsrats der Donnerkrat GmbH, Hamburg (2009 bis 2011)
- Optimieren und Standardisieren der weltweiten Jahresabschlussprozesse: regelmäßige Pre-Closing Meetings mit den lokalen CFOs und Wirtschaftsprüfern, Umsetzung von weltweiten Fast-Close-Maßnahmen, Qualitätssicherung
- Ständiger Ansprechpartner für den Wirtschaftsprüfer (Big 4) sowie die projektbezogenen Berater Big 5 a, Big 5 b und Big 5 c
- Erstellung des IFRS-Konzernanhangs und -Konzernlageberichts der Muttergesellschaft Cyber Portus Holding AG, Schweiz, regelmäßige Präsentation der Jahresergebnisse der Portus Holding in der dortigen Gesellschafterversammlung
- Mitglied in zwei Portus Pension Trust Arrangements (Pensions-Treuhandvereinen)

Beiträge zum Geschäftserfolg

- *Deutliche Erhöhung des Unternehmenswertes für geplanten IPO durch Separierung des Financial-Services-Geschäftes vom Industriegeschäft, Erhöhung der Transparenz für den Kapitalmarkt und daraus folgende positive Bewertungseffekte:*
  - *Entwicklung und Umsetzung eines Konzepts zur Übertragung von rund 48.000 Leasingverträgen auf neu gegründete in- und ausländische FS Captives*
  - *Damit einhergehend Lösung umfangreicher Legal-, Tax-, HR-, Accounting- und IT-Anforderungen, zugleich künftige Basis für profitable Expansion des Leasinggeschäfts*
  - *Sicherstellung eines funktionsfähigen Parallelbetriebs für das Übergangsjahr 2013*
- *Schaffung einer IPO-fähigen langfristigen Refinanzierungsstruktur, Tilgung kurzfristiger Bankdarlehen mit langfristigem High Yield Bond (€ 750 Mio.):*
  - *Erreichen eines ehrgeizigen Rating-Zieles (Fitch und Standard & Poors)*
  - *Vorbereitung einer überzeugenden Due Diligence*
  - *Erstellung des WP-geprüften Offering Memorandums als kapitalmarktrechtliche Voraussetzung für die erfolgreiche Platzierung der Anleihe*
  - *Exzellente Vorbereitung der Vorstands-Roadshow*

  Ergebnis: mehrfache Überzeichnung des High Yield Bonds und erreichte Sollzinsen deutlich unter Planvorgaben
- *Komplexes quartalsweises Bond Reporting nach US-Kapitalmarktrecht (NY) abgekürzt auf 40 Tage, erstmalige Kapitalmarktkommunikation der Portus Holding, WP reviewed*
- *Erfolgreiches Covenants Resetting in der Finanzkrise:*
  - *Absichern der Konzern-Vermögenswerte durch Werthaltigkeitstests*
  - *Vermeidung einer Kapitalerhöhung trotz 26 % Umsatzeinbruch und negativem Konzerneigenkapital*

  - *Internal Business Review durch die Big 4 (New York) sowie Fairness Opinion im Auftrag der Shareholder durch führendes Finanzberatungsunternehmen (Frankfurt am Main)*
  - *Bankenfeste Aufbereitung der Portus-IFRS-Konzernabschlüsse*
  - *Überzeugung der kritischen Banken von der Werthaltigkeit des komplexen Leasinggeschäfts, insbesondere der konservativen Portus-Restwertpolitik*
- *GuV-orientierte Steuerung des Aufgeldes von € 2,8 Mrd., verursacht durch die Portus-Akquisition, nachhaltige Feinsteuerung der PPA-Effekte im laufenden IFRS Reporting*
- *Neuaufbau der Abteilungen External Reporting und IFRS Projects & Competence nach Verkauf der Maschinenbau-Sparte an die Finanzinvestoren Blackpoint Group und Opex Partners, Ende 2008, insbesondere durch persönliche Gewinnung von Führungsnachwuchskräften aus internationalen Konzernen und WP-Gesellschaften*
- *Nachhaltige Erhöhung der Kontrolleffizienz durch Schaffung einer Vertrauensbasis im Prüfungsausschuss und Aufsichtsrat, sowohl im Rahmen der persönlichen Präsentation der Halbjahres- und Jahresabschlüsse als auch im Zusammenhang mit Sonderthemen wie z.B. den rechnungslegungsbezogenen internen Kontrollsystemen*
- *Durchsetzen von Kapital- und Refinanzierungsmaßnahmen in unternehmenskritischer Situation durch falladäquate Darstellung in Vorstands- und Shareholdergremien*
- *Senken der Break-Even-Schwelle durch europaweite Werkskonsolidierungen/-schließungen: Entwickeln prüfungsfester Impairment-Tests für den Konzern sowie Tochtergesellschaften, konsequentes Sicherstellen der Werthaltigkeit von Assets oder kontrolliertes Abschreiben*
- *Production Footprint des internationalen Werkeverbundes: Ausbalancieren und Optimieren unter bilanziellen und steuerrechtlichen Gesichtspunkten im Vorfeld der unternehmerischen Standortentscheidungen*
- *Sehr zügiges Anpassen von gesellschaftsrechtlichen Unternehmensstrukturen zur Abwendung einer drohenden Insolvenz im Finanzkrisenjahr und nachgängiges Überzeugen der Arbeitnehmervertreter und Kreditanalysten von dessen Wirtschaftlichkeit*
- *Abschluss mehrerer strategischer Unternehmensakquisitionen mit hohem Wachstumspotenzial, u.a. in Fernost und Südamerika, regelmäßiger Erwerb von etablierten europäischen Händlerorganisationen, optimale Steuerung der Kaufverträge unter Bilanzierungsaspekten, Post Merger Integration mit präziser Steuerung der Accounting- und Management-Reporting-Prozesse*
- *Souveräne Auswahl eines spezialisierten IT-Dienstleisters für die SAP SEM-BCS Implementierung in 2009: zügige Ablösung eines leistungsschwachen Vorgängersystems und zeitkritisches Go-Live unter Einsparung eines hohen sechsstelligen Euro-Betrages*
- *Prüfungsfeste Realisierung vorgegebener Ergebnisstrategien für Konzern und Einzelgesellschaften*
- *Unternehmensoptimale eigenkapitalschonende Steuerung der BilMoG, Einführung in 2010*
- *Initiieren und konsequentes Vorantreiben von institutionalisierten Risikomanagement- und Compliance-Prozessen und Anheben auf aktienrechtliche und IPO-bezogene Vorgaben, u.a. durch Dokumentieren und Vernetzen bereits existierender Insellösungen*

Seite 5 – CV Paul Trullenburg

01.2003 – 12.2008 **Zobel AG, Hannover**
Internationaler Technologiekonzern und Spezialhersteller optoelektronischer Bauteile, Unternehmen der Friedrich-Zobel-Stiftung, Geschäftsfelder MB Packaging und MB Tubing, Solarenergie, Industriegase, Optik/Faseroptik, Cyber Packaging, rd. 27.000 Mitarbeiter und 4,8 Mrd. Euro Umsatz, davon rd. 70 % außerhalb Deutschlands, über 75 konsolidierte Tochtergesellschaften, Wachstumsregionen Fernost, Mittlerer Osten und Südamerika

12.2006 – 12.2008 **Leiter Group Consolidation**

- Fachliche Verantwortung für den IFRS-Konzernabschluss der Zobel AG sowie konsolidierte IFRS-Halbjahres-, Quartals- und Monatsabschlüsse
- Personalverantwortung für sechs fachliche Mitarbeiter und ein Budget von rd. € 600.0000
- Projektleitung »Optimierung von Jahresabschlussprozessen« sowie »Change Management« begleitend zur IFRS-Einführung
- Verantwortung für die Finanzdaten und die strategische Steuerung der abschlussrelevanten Aussagen und Darstellungen im Geschäftsbericht, Überwachung der Arbeitspakete der Konzernkommunikation unter WP-Gesichtspunkten
- Erstellung von Vorschau-, Sonder- und Planbilanzen für Vorstand und Aufsichtsrat

Beiträge zum Geschäftserfolg

- *Zeitgleiche reibungslose IFRS-Einführung in allen 75 berichtspflichtigen Tochtergesellschaften auf fünf Kontinenten im Geschäftsjahr 2006/2007 durch vorausschauende Planung und Steuerung der Umstellungseffekte von HGB auf IFRS sowie fristgerechte Ablösung eines HGB-geprägten Altsystems mit dem Konsolidierungsstandard SAP SEM-BCS, deutliche Verbesserung der Controlling-Effizienz durch Implementieren eines weltweit einheitlichen IFRS Konzernkontenplans mit systemintegrierten Konzernberichtspaketen, Ressourcen-optimale Steuerung des weltweiten SAP R/3 Progress Rollouts mit führender Bilanzierung IFRS, sehr effiziente wertschätzende Projekt-Zusammenarbeit mit der IT-Abteilung*
- *Konsequent verbesserte Entscheidungsgrundlagen durch Absicherung der IFRS-Einführung durch eigenverantwortliche Schulung der Berichtseinheiten in Bezug auf die neuen Reporting-Anforderungen, persönlich geführte Workshops in Asien, Australien, Südamerika und Europa sowie anschließende proaktive Fortentwicklung und regelmäßige Schulung der unternehmensspezifischen Standards*
- *Umsetzung der strategischen Neuausrichtung der Zobel AG durch Ausgliederung zweier weltweit tätiger Geschäftsbereiche in eigenständige rechtliche Einheiten zur Vorbereitung eines IPO bzw. Geschäftsbereichsverkaufs*
- *Vorbereitung Börsengang »Optoelektronik«: Schaffung der erforderlichen Strukturen für kapitalmarktfähige Teilkonzernabschlüsse sowie Erstellung von Proforma Financial Statements für Vergleichsjahre, geschicktes Ausüben von Accounting-Wahlrechten zur Erreichung eines optimalen Bewertungsergebnisses*

Seite 6 – CV Paul Trullenburg

12.2003 – 11.2006 **Zobel Electronic, Hannover**
Unternehmen der Friedrich-Zobel-Stiftung, seit dem Geschäftsjahr 2005/2006 Aktiengesellschaft

Referent internationale Bilanzierung

- Direkte Berichtslinie an den Bereichsleiter Bilanzen und Finanzen, konzernweite Stabsfunktion für das Finanz- und Rechnungswesen/ Management Reporting und die Kostenrechnung
- Richtlinienkompetenz IFRS und HGB für den Konzern, Erstellung und fortlaufende Aktualisierung des Zobel IFRS Accounting Manuals sowie der HGB-Bilanzierungsrichtlinie, Erarbeitung und Dokumentation Zobel-spezifischer Anwendungsregeln insbesondere für komplexe Produktionsabläufe sowie Forschung & Entwicklung
- Permanenter Ansprechpartner für den Wirtschaftsprüfer (Big 4 a, zuvor Big 4 b) und Betriebsprüfer
- Betreuung von über 75 in- und ausländischen Tochtergesellschaften in allen Fragen der Rechnungslegung (IFRS Reporting und HGB sowie Unterstützung local GAAP im Ausland)
- Verantwortlich für die Erstellung des Konzernanhangs und des Konzernlageberichts sowie die Abstimmung des gemeinsamen Lageberichts der Friedrich-Zobel-Stiftung mit den Geschäftsführungen »MB Packaging« und »Zobel«
- Erfolgreiche internationale Projektarbeit in den Aufgabengebieten Finanzierung, M&A und Steuern
- Erstellung und Präsentation von empfängerorientierten, entscheidungsrelevanten Informationen im Vorstand sowie Vorbereitung von Aufsichtsratssitzungen

Aufgrund sehr guter Ergebnisse in den bereits bestehenden Aufgabengebieten (zusätzlich zu den bisherigen Aufgabengebieten) Beförderung zum

11.2006 **Leiter Group Consolidation Zobel AG**
Abteilung Corporate Controlling & Accounting, direkte Berichtslinie an den Head of Group Accounting & Taxes

Beiträge zum Geschäftserfolg

- *Wesentliche Verbesserung der Qualität des Management Reportings & Group Controllings durch die konzernweite Einführung der IFRS-Regeln zur internen Steuerung (2003), Definition und Dokumentation entsprechender Regeln für die Kostenrechnung und das Management Reporting, weltweite Vereinheitlichung des Berichtswesens auf Basis Zobel-spezifischer IFRS-Anwendungsregeln*
- *Lösung umfangreicher steuerlicher und gesellschaftsrechtlicher Fragestellungen im Zusammenhang mit der Umwandlung der Stiftungsunternehmen »ATURA« und »Zobel« in Aktiengesellschaften, z.B. Sicherung der steuerlichen Verlustvorträge durch konzerninterne Generierung von zukünftigem Abschreibungspotenzial und unternehmensoptimale Definition der zukünftigen Ausschüttungsbemessungsgrundlage für Dividenden an die Friedrich-Zobel-Stiftung auf Basis von Konzernkennzahlen*

- *Sichere Bearbeitung von Anfragen des Aufsichtsrates*
- *Erstmalige Schaffung von konzernweiter Steuertransparenz durch Entwicklung und Implementierung eines weltweiten Steuerberichtswesens für current und deferred taxes*
- *Entwicklung und Implementierung eines Impairment Testing Tools für den Konzern und die Einzelabschlüsse, WP approved*
- *Erarbeitung von Hedge-Accounting-Strategien und Erstellung prüfungsfester Dokumentationen im Zusammenhang mit komplexen Finanzierungsstrukturen*

01.1998 – 12.2002 Big 5 Treuhandgesellschaft, Wirtschaftsprüfungsgesellschaft, Aktiengesellschaft, Niederlassung Düsseldorf
Bereich Industrie & Handel sowie prüfungsnahe Beratung

Prüfungsleiter

- Aufgrund sofortiger Akzeptanz beim Mandanten und hoher Fachkompetenz bereits im zweiten Berufsjahr eigenverantwortliche Organisation und Durchführung von Jahresabschlussprüfungen, zunächst mittelgroße GmbHs und Personengesellschaften sowie Berichtspakete für Konsolidierungszwecke (US-GAAP, IFRS, UK-GAAP, HGB),
  ab Januar 2000 zusätzlich große Kapitalgesellschaften, von Beginn an Einsatz auf einer DAX 30 IFRS-Konzernprüfung, sowohl für die Jahresabschlussprüfung als auch regelmäßige Halbjahres- und Quartals-Reviews
- Führen von Prüfungsteams mit bis zu neun Mitarbeitern, darunter auch Spezialisten aus den Bereichen Steuern, Treasury, Unternehmensbewertung, Pensionen und IT
- Regelmäßige Durchführung von IKS-Prüfungen gemäß dem risikoorientierten Big 5 Prüfungsansatz »Trust Asset Audit«
- Kontinuierlicher Einsatz in der prüfungsnahen Beratung: IFRS und US-GAAP Umstellungen von börsennotierten Aktiengesellschaften (DAX sowie geregelter Markt), Fast-Close-Projekte, Bearbeitung von Börsenprospekten nach US-Kapitalmarktrecht, Due-Diligence-Beratung im In- und Ausland, Erstellung von IFRS-Konzern-kontenplänen im Zusammenhang mit weltweiten SAP R/3 Einführungsprojekten, Erstellung von IFRS-Bilanzierungsrichtlinien für Mandanten, Erstellung von IFRS- und HGB-Anhang und Lagebericht für Mandanten
- Kontinuierlicher Aufbau von nachhaltigen Mandantenbeziehungen mit Akquisitionserfolgen

Mandanten- und Projektliste (Auszug):
Bertram AG, Tübingen:
Prüfung der Themengebiete Kapitalkonsolidierung, Konzern-Cash-Flow-Statement, Zwischengewinneliminierung, Aufwands- und Ertragskonsolidierung, Schuldenkonsolidierung, Konzernanhang und Konzernlagebericht, Treasury inklusive Hedge Accounting nach HGB und IFRS, latente Steuern, komplexe Rückstellungen inklusive der Rückstellungen im Personalbereich, komplexe Vorratsbewertungen, Bilanzierung von erworbener und selbst erstellter Software, kontinuierliche Prüfung einer Versicherungs-Vermittlungs-GmbH,

Erwerb der kanadischen **X-Ray Gruppe** sowie Integration in den Mutterkonzern, in diesem Zusammenhang Lösung umfangreicher Anforderungen an die Darstellung im Rahmen der Segment-Berichterstattung

X-Ray Deutschland GmbH, Dortmund:
Prüfen der deutschen Tochtergesellschaft im Bertram-Erwerbsjahr

Klunen GmbH, Wanne-Herford:
Verkauf der Klunen-Betriebsfunksparte an Sytemonia Inc.:
Durchführen einer europaweiten Verkäufer-Due-Diligence

Global Lawyers, Hamburg:
fortlaufende Prüfung des UK-GAAP-Berichtspakets sowie handelsrechtliche Prüfung von GmbH Tochtergesellschaften der fusionierten Reiz & Parnters und Brown, Benson Ltd. Partnerschaft

RTU Media, Liechtenstein:
Jahresabschlussprüfung der Körperschaft des öffentlichen Rechts

Geschäftsbank AG, Frankfurt:
Projektfinanzierungen: Regelmäßige Prüfung und Berichterstattung an eine private Investorengemeinschaft (Autobahn M5 Ungarn)

Convexus GmbH, Frankfurt:
Convexus-Abspaltung der IG Asbach AG: Bearbeitung von Rechnungslegungssachverhalten im Rahmen des Börsenprospekts für deutsche und US-amerikanische Kapitalmarktzwecke

IG Asbach AG, Mannheim:
Verkauf der Tiermedizinsparte der **IG Asbach AG** an die **Veritas Insurance** Gruppe, Prüfung der neu geschaffenen deutschen **GlobalValio** Tochtergesellschaften ab Gründungszeitpunkt

Mercantus GmbH & Co. KG, Herne:
Unterstützung bei der erstmaligen Erstellung eines Konzernabschlusses sowie regelmäßige Prüfung von GmbH Tochtergesellschaften, u.a. der **Regenia GmbH, Leimen**

Frankofania AG, Küstach:
IFRS-Umstellung und Jahresabschlussprüfung

Helmbrecht Asset Group, USA:
regelmäßige Prüfung der deutschen Immobiliengesellschaften

Gantenbrink AG, Berlin:
gegründet von ehemaligen Media-Group-Managern, Geschäftsfelder integrierte Kommunikation und IT-Dienstleistungen, regelmäßige Jahresabschlussprüfung

Detoplana GmbH, Boppard, Detoplana Minig Facilities, Großkreuzach:
Frankofania- bzw. Helmbrecht-Abspaltungen, regelmäßige Jahresabschlussprüfung

Ausbildung

2001–2002 **Certified Public Accountant (IL/USA)**
US-amerikanisches Wirtschaftsprüfer-Examen Certified Public Accountant (CPA) im November 2002 erfolgreich in Baltimore/MD abgeschlossen, Certificate No. 77,232

1993–1997 **Studium der Betriebswirtschaftslehre an der Universität zu Köln**
Abschluss: Diplom-Kaufmann, Gesamtnote: 2,2
Diplom-Arbeit: »Probleme des Kennzahlenvergleichs deutscher und südamerikanischer Bergbau-Unternehmen am Beispiel der Aluminiumförderung« bei Prof. Hennig Schwebhahn, Praxisthema in Kooperation mit der Certania AG, Note: 1,8

Spezielle Studienschwerpunkte: Bilanzrechtsprechung und Wirtschaftsprüfung (Prof. Bertram), Internationales Rechnungswesen, Konzernrechnungswesen, Konzerncontrolling (Prof. Zumtobel) sowie Geld, Währung und Außenwirtschaft

1991–1993 **Studium der Betriebswirtschaftslehre an der Ludwig Maximilian Universität, München**
Abschluss: Vordiplom, Gesamtnote: 1,8

Initiativbewerbung für das weiterführende Hauptstudium an der Universität zu Köln, um dort an den international renommierten Lehrstühlen von Prof. Bertram und Prof. Zumtobel vertiefend Bilanzierung zu studieren

1989–1991 **Grania AG Hamburg: Berufsausbildung zum Industriekaufmann (Stammhauslehre)**
Abschluss: Industriekaufmann, Note: sehr gut
Jahrgangsbester mit Auszeichnung durch den Grania-Vorstand

Ausbildungsbegleitend: Auslandskorrespondent Englisch, Berlitz, Gesamtnote: 2,06 – Zweitbester des Grania-Ausbildungsjahrgangs

1979–1989 Gymnasien in Ahrensburg (D), Starnberg (D) und Oxford (UK)
Abschluss: Abitur, Gesamtnote: 1,7

Seite 10 – CV Paul Trullenburg

Weiterbildung & Referententätigkeit

2009–2012
(Portus)

- Regelmäßige Teilnahme **Big 5 Expertenforum**, Frankfurt
- Regelmäßige Teilnahme **Big 4 IFRS Kongress**, Berlin
- Fortlaufend **Global Consultant Mandantenseminare** (BilMoG, Konzernrechnungslegung, Steuern, Unternehmensbewertung u.a.)
- Fortlaufend **Big 5 Mandantenseminare**, Frankfurt und Düsseldorf (insbesondere Leasing, Steuern, Unternehmensbewertung u.a.)
- Regelmäßige Teilnahme an den Big 4 Mandantenseminaren »**IFRS Roundtable**«, Eschborn (Konzernrechnungslegung, Fair Value Measurement, Leasing u.a.)
- **Big 4 Mandantenseminare**, Frankfurt und Düsseldorf (insbesondere Unternehmensbewertung und Impairment Testing)
- Zweijähriges **Zobel Leadership Programm** für den Zobel-Führungskräftenachwuchs, Präsenzwochen in Bad Neuenahr und Mettmann
- Regelmäßige persönliche **IFRS Reporting Trainings** für die lokalen Zobel CFOs und Reporting-Verantwortlichen in Asien, Europa, USA und Südamerika
- Referent zum Thema »**IFRS Bilanzierung**« im Rahmen eines zweitägigen Kongresses der Wirtschaftssachverständigen der **Staatsanwaltschaft Frankfurt** in St. Gallen
- Regelmäßige **IFRS- und HGB**-Bilanzierungstrainings für produktionsverantwortliche **Ingenieure und F&E Controller**
- Betreuung mehrerer **Diplomarbeiten** in Zusammenarbeit mit der Universität Köln und der Fachhochschule Köln, z.B. zu den Themengebieten »IFRS und Controlling« sowie »Impairment Testing«
- Mehrtägige **SAP SEM-BCS**-Anwenderschulung bei SAP in Walldorf
- Regelmäßige Teilnahme am **Big 4 IFRS Expertenforum**, Frankfurt
- Big 5 **IFRS Kongress**, Berlin
- **Risikomanagement** Stammtisch **Big 4**, Düsseldorf
- Diverse **Euroforum**, **Marcus Evans** und **Management Circle** Seminare zu den Themengebieten Financial Shared Services & Fast Close, Deutsche Rechnungslegungsstandards (DRS), internationale Bilanzierung (IFRS und US-GAAP)

1998–2002
(Big 4)

- Teilnahme an den kontinuierlichen, zumeist mehrwöchigen **Big 4 Weiterbildungsprogrammen** mit den Themenschwerpunkten:
  - Buchführung und Bilanzierung
  - Prüfungstechnik
  - Interne Kontrollsysteme und Business Audit
  - US-GAAP- und IAS-Bilanzierung
  - Konzernbilanzierung
  - Spezialthemen der Rechnungslegung (Pensionen, latente Steuern, Derivate u.a.)
- Mitarbeit bei der ersten Auflage der **Big 4** Publikation zur **US-amerikanischen Rechnungslegung** (Kapitel »latenten Steuern«)
- Schulung und Nutzung der **Prüfungssoftware** Case Ware und der Berichtssoftware Case View

Seite 11 – CV Paul Trullenburg

Fremdsprachen

Englisch	verhandlungssicher
Französisch	fließend
Spanisch	Schulkenntnisse
Latein	2. Fremdsprache

Weitere Engagements

2000–2003	**Vorstandsmitglied (Kassenwart) MTV 1892 Ahrensburg TRIATHLON**
1989–1999	**Leistungssport Triathlon/Duathlon/Schwimmen** Teilnahme an mehreren Deutschen Triathlon-Meisterschaften, Mannschafts-Vizemeister Schleswig-Holstein im Duathlon 1993, Teilnahme an den Duathlon-Weltmeisterschaften sowie den Deutschen Duathlon-Meisterschaften 1993, zweimalige Teilnahme am Alpentriathlon (Gardasee), jährliche Teilnahme an den Deutschen Mannschaftsmeisterschaften im Schwimmen für den SC Starnberg
1987–1990	**TSG Ahrensburg:** Trampolin und Wasserspringen, Freestyle Ski
1986–1987	Teilnahme an Vergleichswettkämpfen Bayerischer Gymnasien (Starnberg) im Alpin Ski (Riesenslalom) als Mitglied der Schulauswahlmannschaft
1980–1985	Schulorchester Hermann-Hesse-Gymnasium Ahrensburg, Violine, Orchesterauftritte in Ahrensburg und Stratford-upon-Avon, England
1979–1985	MTV Ahrensburgrg Basketball SG Teiningen, Fußball

Hobbys

Familie, Kochen, Lesen, Ausdauersport, Wintersport

Ahrensburg, im März 2013

Paul Trullenburg

Die einen seien ihm hinterhergelaufen und haben ihm nachtelefoniert – schneller, als er reagieren konnte. Die anderen hätten ihn »überhaupt nicht estimiert«. Das ist am Ende so gewollt! Gewissenhaft entwickelte Unterlagen zeigen so viel von Ihnen, dass sie besondere Resonanz genau bei der anvisierten Zielgruppe erzeugen, geringere Resonanz bei der weniger gewünschten. Zwar hatten Sie diese Zielgruppe auch angeschrieben, aber offenbar passen diese Unternehmen, deren Unternehmenskultur oder deren Unternehmensverantwortliche doch nicht so gut zu Ihnen – da Sie in Ihren fein ziselierten Unterlagen »rüberkommen«, wie Sie eben sind (oder sein wollen).

CEO-TIPP Kybernetische Regelkreise gibt es nicht nur in Technik und Naturwissenschaft, sondern auch in wirtschaftlichen und sozialen Systemen: Für die Steuerung von C-Level-Managementkarrieren sind sie besonders gut geeignet.

Und hier sind wir beim dritten Punkt typischer Strategieumsetzung. Fast jede einmal entwickelte Strategie stößt bei ihrer Umsetzung auf Hindernisse, die genau besehen Rückmeldungen des Marktes sind. So wie einst gedacht, lässt sich nicht immer alles umsetzen. Bei der hier beschriebenen Methodik heißt das: Bezüglich mancher Zielgruppen und/oder angestrebter Funktionen reagiert der Markt einmal schwächer als vermutet, ein anderes Mal stärker als erwartet. Dies ist die experimentelle Seite an der Strategieumsetzung, auch sie ist durchaus erwünscht! Sie gibt präzise Hinweise, welche Optionen noch infrage kommen, wie Ihr Standing am Markt ist, wo Sie gesehen werden. Im Sinne eines kybernetischen Regelkreises können Sie so Ihre Strategieentwicklung zunehmend verfeinern. Denn kybernetische Regelkreise sind besonders wirkungsvoll, wo

- extrem hohe Komplexität,
- geringe Prognostizierbarkeit in sich dynamisch verändernden Verhältnissen und
- eine eingeschränkte Informationslage

zusammentreffen. Mithin sind sie prädestiniert für die Steuerung von C-Level-Managementkarrieren.

Überprüfung am Markt

Die Validität der so gewonnenen Erkenntnisse ist deutlich höher als die völlig autonom entwickelter Strategien, denen die breite Überprüfung am Markt fehlt. Sie mögen noch so sorgfältig analysieren und recherchieren, um Ihre Strategie zu verfeinern – idealerweise zusammen mit einem guten Berater oder erfahrenen Freund –, es wird immer Ihre Sicht, also Selbstwahrnehmung sowie die Einschätzung von ein oder zwei Beratern oder Managerfreunden sein – nicht die Einschätzung der für Sie entscheidenden Zielgruppe.

CEO-TIPP Die intersubjektive Einschätzung, was für Sie zu einem bestimmten Zeitpunkt Ihrer Karriere am Markt möglich ist, wird durch eine systematische Strategieumsetzung erstmals möglich und kommt damit einer objektiven Überprüfung nahe.

Egal, wie lebens- und berufserfahren Sie und Ihr Berater sein mögen, Sie treffen im Zuge der Erstgespräche ohne Weiteres auf zehn bis 20 unterschiedliche Unternehmen mit mindestens ebenso vielen, meist noch mehr Unternehmensvertretern, also Geschäftsführern, Vorständen, Personalchefs und Executive-Search-Beratern. Auch diese verfügen in aller Regel über ein gerütteltes Maß an Lebens- und Berufserfahrung sowie Funktions- und Marktkenntnissen. All diese Gesprächspartner haben sehr strukturierte Übersichten über Ihre Person als Manager sowie Ihre Beiträge zu den Erfolgen verschiedener Unternehmen vor sich liegen. Und sie lernen Sie eine oder eineinhalb Stunden persönlich kennen. Deren Einschätzung ist sicherlich genauso wertvoll wie die Ihres Beraters oder Freundes oder Ihre eigene.

Die Einschätzung und das Feedback, was für Sie zu einem bestimmten Zeitpunkt Ihrer Karriere am Markt möglich ist, beruht erstmals nicht mehr nur auf Ihrer eigenen subjektiven Einschätzung oder der subjektiven Einschätzung Ihres Beraters, sondern ist erstmals eine intersubjektive Rückmeldung, gegründet auf einer vergleichsweise hohen Zahl meist sehr erfahrener Manager und unternehmensinterner und externer Personalverantwortlicher. Ein genaueres als dieses intersubjektive Bild Ihrer Person und Ihrer Möglichkeiten – es kann schon fast als objektiv bezeichnet werden – können Sie anders kaum gewinnen.

Dies zeigt ein weiteres Mal, dass die verbreitete Angewohnheit, sich im stillen Kämmerlein seine Zielfirmenliste zusammenzustellen, zu kurz greift. Sie basiert immer auf Ihrer subjektiven Einschätzung – und Ihrer Vorstellungskraft. Dieses neu gewonnene Bild Ihrer Person als Manager wird in der Regel einiges von dem bestätigen, was Sie bislang auch schon gesehen haben. Häufig offenbart es auch bislang nicht gesehene oder gewürdigte Facetten, bisweilen auch völlig neue Möglichkeiten.

Zwei Beispiele aus der Praxis mögen dies veranschaulichen: Einer unserer Klienten war in seiner letzten Funktion Manager Corporate Finance in einem großen Pharmakonzern. Zu seinen anvisierten Zielpositionen gehörte CFO in einem großen Mittelstandsunternehmen – dies hatte die Verdichtung des Lang-CV auf die beiden Kurzdokumente ergeben. Eingeladen wurde der Corporate-Finance-Manager von einer ansehnlichen Zahl unterschiedlicher Unternehmen, überwiegend für die Funktion des CFO. Ein Mittelstandsunternehmen, das gerade die Eine-Milliarde-Euro-Umsatzgrenze übersprungen hatte, lud ihn direkt ein, und zwar der Eigentümerunternehmer höchstselbst. Im Casino der Unternehmenszentrale unterbreitete ihm dieser Seniorchef seine Überlegung. Er wolle ein Family Office für die angemessene Verwaltung des ansehnlichen Familienvermögens gründen und habe aufgrund der Initiativbewerbung an ihn gedacht. Auf den zweiten Blick ist dies keine Überraschung. Denn zwar war der Corporate-Finance-Manager bislang nur in Konzernen tätig, aber er verantwortete Dinge wie Liquiditätsmanagement, Asset Allocation und Beteiligungsmanagement. Er verhandelte mit Banken über Finanzierungen und Ratings und etablierte ein Riskmanagementsystem. Kein Wunder, dass der Senior beim Lesen der Unterlagen, insbesondere der darin angeführten Reizworte, mit einem gänzlich anderen Vorschlag, als er erwarten konnte, auf ihn reagierte. Denn einen CFO für seine Milliardenumsatz-Unternehmensgruppe suchte er aktuell überhaupt nicht. Zufällig und dennoch typisch.

Und vor allem: Der Corporate-Finance-Manager erkannte durch

das Gespräch neue Seiten an sich und eine auf ihn gut passende weitere Zielgruppe. In einem zweiten Schritt konnte er, der für die Sache Feuer gefangen hatte, gezielt Family Offices ansprechen – deren Ansprechpartner und Adressen nicht ohne Weiteres in Firmendatenbanken geführt werden, aber ein lösbares Problem darstellten. Das gab dem Corporate-Finance-Manager einen größeren Spielraum, seine wahren Interessen und Möglichkeiten auszuloten. Denn seine bisherigen Zielgruppen wie Konzernunternehmen und große Mittelstandsunternehmen mit den Funktionen CFO, Corporate Finance und Treasury blieben natürlich immer noch interessant für ihn.

Ein zweiter ungewöhnlicher, in seiner Systematik aber typischer Fall ist der folgende: Ein am Max-Planck-Institut für Rechtsvergleichung zum Thema Fraud promovierter Volljurist war nach seinem fünfjährigen Aufenthalt als Rechtsanwalt in Mittelamerika zurück in seine Heimat gekehrt. Der Einsatz war im Auftrag der Bundesregierung erfolgt. Ziel war es, einen lateinamerikanischen Staat mit seinem beachtlich hohen Korruptionsindex konkret und praxisnah bei der Errichtung und dem Ausbau rechtsstaatlicher Strukturen mit einer 20 Mitarbeiter starken Organisation zu unterstützen. Diesen Auftrag führte er fulminant aus und traf dabei auf höchste Staatsrepräsentanten genauso wie auf Bosse mafiöser Drogenkartelle.

Die hier beschriebene Strategieentwicklung berücksichtigte die Vorlieben und Interessen des Managers, der zum einen familienbedingt in seiner Heimatregion bleiben, zum andern nicht sein Dasein als Wald-und-Wiesen-Anwalt in einer mittleren Provinzstadt fristen wollte. Die Zielgruppenanalyse hatte zunächst Folgendes ergeben: Verbandsgeschäftsführer, IHK-Geschäftsführer, leitende Position in einer staatlichen oder überstaatlichen Organisation wie der UNO oder in einer NGO (Non-Governmental Organization) und natürlich wegen seiner Internationalität in großen Konzernen, wenn es womöglich um die Anbahnung von Geschäftsbeziehungen in Lateinamerika ging. Schließlich beherrschte er perfekt Spanisch und kannte in mehreren lateinamerikanischen Staaten Staatsmänner und Unternehmenschefs.

Die initiative Bewerbung bei all diesen Zielgruppen brachte eine ernüchternd geringe Ausbeute. Es wurden ganz ungewöhnlich wenige Gesprächsangebote gemacht, meist nur telefonisch. Aber die wenigen Antworten und Gespräche waren sehr aufschlussreich. Gleich zweimal wurde der Jurist von großen Konzernen eingeladen, einmal vom Personalchef, das andere Mal von einem der Vorstandsmitglieder – und beide hatten dasselbe Interesse: Compliance! Oftmals ist man hinterher schlauer als vorher. Darauf wären wir trotz aller Sorgfalt im Vorgehen nicht gekommen. Compliance hat eine zunehmende Bedeutung in der Wirtschaft, und selbst kleinere Mittelstandsunternehmen, vor allem wenn sie international agieren, sind zunehmend gezwungen, sich damit auseinanderzusetzen, um den teils existenzgefährdenden Risiken zu begegnen. Der Klient hatte unversehens »sein Ding« gefunden.

Als gelernter Rechtsvergleicher und promovierter Fraud-Spezialist vertiefte und verbreiterte er mit geringem Aufwand schnell sein Wissen. Er bewarb sich erneut, dieses Mal die Zielgruppe der relevanten Unternehmen vollständig erfassend und vor allem schon mit leicht abgewandelten Unterlagen, die neben den bisherigen Reizworten insbesondere solche aufführten, die sich auf Compliance bezogen. Über einschlägige Erfahrungen und Erfolge hatte er natürlich auch bislang verfügt, nur hatte er sie gar nicht oder nicht unter den betreffenden Bezeichnungen angeführt, die jetzt wiederum die entsprechende Resonanz bei den Empfängern auslösten. Die Reaktion war wie erhofft. Er hatte eine Goldader getroffen, einen Bedarf, der schneller und weit größer entstanden war, als er am Markt erfüllt werden konnte. Im Verlaufe dieser zielgenaueren Initiativbewerbungen lernte er noch mehrere Vorstände großer Unternehmen kennen.

Beide Beispiele zeigen, dass einmal formulierte Zielfirmenlisten und einmal formulierte Zielpositionen nur manchmal das volle Spektrum abdecken. Häufig werden aufgrund der ersten Selektion Gespräche geführt, die in einem zweiten Schritt die dort gewonnenen Erkenntnisse nutzen: eine iterative Annäherung an das volle Chancen- und Möglichkeitspotenzial eines Managers.

Dieser iterative Verlauf ergibt sich hin und wieder. Fast immer aber ergeben sich aufgrund der zielgruppenspezifischen Initiativbewerbungen Einladungen von Topmanagern zu Gesprächen, die aktuell keine zu besetzende Vakanz sehen, aber den Austausch suchen. Dies hat zwei Vorteile: Geschäftsführer, Vorstände, Aufsichtsräte nehmen sich aufgrund der Unterlagen Zeit und laden einen in ihren Augen besonderen Manager ein, um sich auszutauschen, um das Unternehmen und den Markt zu erörtern in Bezug auf das Format und die Kapazität, die dieser »Bewerber« mit sich bringt. Das führt häufig zu interessanten Erkenntnissen und manchmal weiteren Kontakten. So ist es auch des Öfteren vorgekommen, dass der Manager schon mit der »internen Option« eingeladen wurde, mal schauen, ob wir ihn nicht in der Organisation mit entsprechender Verantwortung betrauen können. Eine Umorganisation könnte man vorziehen, eine Unternehmensakquisition steht an, neue Märkte sollen erschlossen werden. Dann folgt der unverbindlichen Einladung ein verbindliches Gespräch. Offensichtlich, dass diese Überlegungen am besten bei den Vorständen angesiedelt sind. Hätte man die Personalchefs angeschrieben, so wären diese in den wenigsten Fällen in all diese Unternehmensüberlegungen eingeweiht.

CEO-TIPP Mit dieser Strategie stoßen Sie nicht nur auf die meisten aktuellen Vakanzen des verdeckten Stellenmarkts, sondern immer wieder werden aufgrund des zugesandten individuellen »Profils« überhaupt erst passende Stellen geschaffen, damit das Unternehmen den Bewerber gewinnen und so einen verdeckten unternehmensinternen Bedarf erstmals befriedigen kann.

Diese Opportunitäten am Markt sind nicht vorhersehbar und kalkulierbar. Gleichermaßen nicht vorhersehbar sind grundsätzlich andere Reaktionen des Marktes als erwartet. Denn aufgrund eigener Einschätzung und aufgrund der vergleichsweise wenigen Gespräche mit Executive-Search-Beratern und befreundeten Managern glaubt man bisweilen, nur für bestimmte Aufgaben oder Branchen infrage zu kommen – und kann sich stark irren! Die zugrunde liegende »Datenbasis« – also die wenigen Gespräche und Diskussionen, zudem in Ermangelung tiefgreifender und gut strukturierter Unterlagen – ist, wie sich nach den Markttests zeigt, einfach zu gering gewesen.

Offen für alle Richtungen

Mit gut gemachten, systematischen Kurzbewerbungen, die gleichzeitig an verschiedene Zielgruppen versandt werden, lassen sich präzisere Kenntnisse über die eigenen Möglichkeiten am Markt gewinnen. Getreu dem Brecht'schen Motto »Lass dir nichts einreden – sieh selber nach!« gewann beispielsweise ein Vertriebs- und Marketingdirektor unerwartete, für den bevorstehenden zweiten Abschnitt seiner Karriere wertvolle Erkenntnisse, die sich sofort umsetzen ließen: Der C-Level-Manager war schon Alleingeschäftsführer und Chief Operating Officer, nachdem er seine Karriere in großen Handelsunternehmen und -konzernen begonnen hatte. Zuletzt hatte er in Dienstleistungsunternehmen, jedoch nicht innerhalb der Finanzdienstleistungsbranche entscheidende Verantwortung getragen. Bisher war er also noch nie für Industrieunternehmen, Banken oder Versicherungen tätig geworden. Alle Headhunter-Kontakte bestätigten seine besonderer Passung für den Handel und, wenn auch eingeschränkter, für Dienstleistungsunternehmen.

CEO-TIPP Die praktische Strategieanwendung zeigt immer wieder: Mit ihrer Umsetzung kann beispielsweise ein reiner C-Level-Manager des Handels auch Gespräche und attraktive Angebote bei Automobilherstellern, Banken und Versicherungen erhalten – und umgekehrt.

Sobald der Manager nicht mehr nur vereinzelte Gespräche mit Headhuntern und Unternehmen seiner Wirtschaftssparte, also Handel und Dienstleistung, führte (denn an Gespräche mit Industrieunternehmen war er bislang nicht herangekommen), offenbarte sich aufgrund der großen Datenbasis angeschriebener Unternehmen ein deutlich anderes und differenzierteres Bild: Überraschend viele Termine entfielen auf Industrieunternehmen, auffällig wenige auf Einzelhandelsketten. Sogar die für Quereinsteiger in aller Regel als »Closed Shop« unerreichbaren Banken und Versicherungen meldeten sich in geringem Umfang – dafür aber direkt auf Vorstandsebene. Um zu dieser Erkenntnis überhaupt gelangen zu können, mussten wir schon bei der Zielgruppenauswahl und der dazugehörigen Adressselektion darauf achten, den Blick frei zu halten! Scheuklappendenken und -handeln hätten diesen Erkenntnisgewinn und neuen Handlungsspielraum vereitelt. Es war also gut, nicht auf die wohlmeinenden beratenden Freunde zu vertrauen oder auf oft eigene Interessen vertretende Headhunter zu hören! Diese hätten aufgrund scheinbar logischer Überlegungen nicht wie wir einige »Testunternehmen« der Industrie angesprochen, da der Manager dort angeblich nicht hin passte.

Einmal diese Erkenntnis gewonnen und mehrfach bestätigt bekommen – und zwar allein vonseiten der entscheidenden Zielgruppe der potenziell einstellenden Unternehmen –, konnten in einem zweiten Durchlauf speziell Industrieunternehmen angesprochen werden. Natürlich mit leicht modifizierten Inhalten, denn die ersten Industriegespräche hatten zu neuen Erkenntnissen geführt. Dieser zweite Durchgang verhalf nicht nur der Kybernetik zu einem Erfolgserlebnis, sondern dem Manager zu vielen!

Sie haben die Wahl!

Es ist keineswegs zwingend erforderlich, die neuen Optionen auch zu nutzen. Die Entscheidung, ob man den angestammten Branchen beziehungsweise Wirtschaftssektoren treu bleibt, sich ein Stück entfernt oder sie gar völlig hinter sich lässt, ist komplexer Natur und nicht alleine mit rationalen Parametern zu treffen.

Genau zu wissen, wo man hin möchte, ist schön. Getreu dem Motto Senecas »Für einen, der nicht weiß, welchen Hafen er ansteuern will, gibt es keinen günstigen Wind«. Nicht ganz genau zu wissen, wo man hin möchte, ist weiter verbreitet, als viele denken, also ganz normal. Auch unter gestandenen C-Level-Managern mit 40 oder 50 Lebensjahren. Der Appetit kommt beim Essen. Oder auch: »Woher soll ich denn genau wissen, was ich essen will, solange ich die Speisekarte nicht kenne?« Natürlich habe ich schon ein bestimmtes Restaurant ausgewählt, wo die Chancen gut stehen, dass ich etwas auf der Karte finde, was mir schmeckt. Was genau, hängt auch von der Tageskarte ab, überhaupt von dem, was verfügbar ist. Vielleicht ist heute ja mein Leibgericht ausverkauft. Im Übrigen kann ich immer noch aufstehen und ein anderes Restaurant aufsuchen.

So, wie der Appetit beim Essen kommt – oder dem Lesen der Speisekarte –, klären sich viele Fragen nach der genauen Art der nächsten Position beim Prüfen des Marktes und beim konkreten Führen der Gespräche mit Unternehmensvertretern. Wenn die Auswahl groß ist, gibt es zwar mitunter die Qual der Wahl. Dass Sie aber etwas wirklich Passendes finden, ist im Restaurant ebenso wahrscheinlich wie am Arbeitsmarkt, wenn Sie ihn nur systematisch angehen. Wie gezeigt, können Sie nach dem bedingt experimentellen Vorgehen im zweiten Schritt kybernetisch-systematisch und somit iterativ sich Ihrer optimalen nächsten Position nähern.

Schlusswort

Die C-Level-Manager, die ihre in diesem Buch beschriebene persönliche Strategie entwickelt und umgesetzt haben, gingen durchschnittlich einen sechsmonatigen Weg: vom ersten Entwurf ihrer neuen Unterlagen, deren schrittweisen Vervollkommnung, der Zielgruppendefinition, Adressselektion und Aussendung über die vielen Gespräche bei unterschiedlichen Unternehmen bis hin zur sorgsamen Auswahl und Entscheidung für eine neue Aufgabe, einschließlich der Prüfung und Unterzeichnung eines neuen Arbeits-, Geschäftsführer- oder Vorstandsvertrags.

Einem Wanderer gleich haben sie mit dieser besonderen Methode den nächsten Gipfel erreicht und genießen nach diesem anstrengenden und doch auch schönen Weg die wunderbare Aussicht auf das, was vorher nicht sichtbar und erkennbar war. Sie können stolz auf ihren Einsatz sein und sind meist begeistert von ihrer wohlverdienten »Ernte«. Zugleich wissen sie, dass diese »Bergbesteigung« jederzeit wieder machbar ist – auch bei höheren Bergen. Das beflügelt! Und vor allem gibt es Sicherheit, eben weil es wiederholbar ist. Das größte Vertrauen in sich selbst und seine Fähigkeiten gewinnt man stets, wenn einem etwas wirklich wichtig ist und gelingt, so wie hier die systematische Suche einer neuen Aufgabe.

Der Hirnforscher Gerald Hüther beschreibt das, was nach Verantwortungsübernahme folgt, so: »Dann strengt man sich auch richtig an, um es zu erreichen. Dann fokussiert man seine Aufmerksamkeit auf das angestrebte Ziel, dann unterdrückt man alle möglichen anderen Bedürfnisse, dann entwickelt man eine Strategie und macht einen Plan, um das, was einem so wichtig ist, nun auch wirklich umzusetzen. Und wenn das Ganze dann auch tatsächlich klappt, ist man hellauf begeistert. [...] Denn nur für das, was einem Menschen wichtig ist, kann er sich auch begeistern, und nur wenn sich ein Mensch für etwas begeistert, kommt in seinem Gehirn die Gießkanne mit dem Dünger in Gang.« (Hüther, 2011)

Der Einsatz dieser Methode und die Umsetzung der sieben Prinzipien haben jedoch einen größeren Wirkungskreis als lediglich den Ihrer berechtigten persönlichen Zufriedenheit und Ihres beruflichen Weiterkommens. Denn auch Unternehmen profitieren von dieser erreichten Passgenauigkeit und gegenseitigen Nutzenoptimierung. Würden alle Unternehmenslenker und Personalentscheider auf Erfolgsbeiträge, Transparenz und Wahrhaftigkeit achten, würde sich das nachhaltig auf die Motivation der Mitarbeiter – nach oben und unten – auswirken. Diese gesteigerte Motivation führte in Kombination mit den Erfolgsbeiträgen des neuen C-Level-Managers zu einem noch höheren Beitrag für das Unternehmen – und einer Steigerung des Public Values (Gomez/Meynhardt, 2011). Die Wirkung würde also weit über den einzelnen eingestellten C-Level-Manager hinausgehen. Bei konsequenter Umsetzung würde sie das ganze Unternehmen und damit auch dessen Kultur erfassen. Das ist ein mutiger Schritt und verlangt von den oberen Führungskräften ein Loslassen von tradierten Denk- und Handlungsweisen. Doch auch diese Bergbesteigung würde reich belohnt.

Wir können noch einen Schritt weiter gehen. Was würde das für die Wirtschaft und schließlich die Gesellschaft bedeuten, wenn die hier empfohlenen sieben Prinzipien gelebt würden? Das mag einem philosophischen Gedankenspiel gleichen. Doch sind es gerade diese Gedankenspiele, die uns Menschen auf neue Wege und Ideen bringen. Die Vorstellung, dass (fast) alle Menschen den zu ihrem Potenzial passenden Job finden, hat etwas Wunderbares. Auch wenn es aus heutiger Sicht dafür eines Wunders bedarf.

Doch jeder von Ihnen kann einen Teil dazu beitragen, ein bisschen Wunder zu vollbringen. Fangen Sie zunächst bei sich an und schaffen Sie für sich die rundum passende Aufgabe. Als C-Level-Manger sind Sie dann erneut an Personalauswahl, Personalentscheidungen und Personalführung beteiligt. Wenn Sie in dieser verantwortungsvollen Position die sieben Prinzipien im Kopf und Herzen haben, tragen Sie dazu bei, mehr Begeisterung, Nutzen und Erfolg für das Unternehmen und seine Mitarbeiter und letztendlich die Gesellschaft zu erreichen. Sprich, diese sieben Prinzipien sind nicht auf die Phase der Bewerbung und beruflichen Neuorientierung beschränkt. Sie sind im größerem Zusammenhang wertvolle Führungsprinzipien.

Literaturverzeichnis

Baron, Gabriele, *Praxisbuch Mailings: Print- und Online-Mailings planen, texten und gestalten*, München, 2009.

Bauer, Joachim, *Warum ich fühle, was du fühlst – Intuitive Kommunikation und das Geheimnis des Spiegelneurone*, München, 2006.

Bürkle, Hans, *Aktive Karrierestrategie*, Wiesbaden, 4. Aufl., 2013.

–, *Mythos Strategie*, Wiesbaden, 2. Aufl., 2012.

Feldmann, Robert S., *Lügner: Die Wahrheit über das Lügen*, Berlin, Heidelberg, 2012.

Friedrich, Kerstin; Malik, Fredmund; Seiwert, Lothar, *Das große 1 x 1 der Erfolgsstrategie*, Offenbach, 13. Aufl., 2009.

Gomez, Peter; Meynhardt, Timo, »Public Value: Gesellschaftliche Wertschöpfung als Pflicht«, in: *Neue Zürcher Zeitung* 3.6.2011.

Hakim, Catherine, *Erotisches Kapital, Das Geheimnis erfolgreicher Menschen*, Frankfurt am Main, New York, 2011.

Hüther, Gerald, *Was wir sind und was wir sein könnten*, Frankfurt am Main, 9. Auflage, 2011.

Kitz, Volker; Tusch, Manuel, *Das Frustjobkillerbuch*, Frankfurt am Main, 2008.

Lafrenz, Bianca, *Wahrheit und Lüge bei Zeugenaussagen*, Saarbrücken, 2006.

Malik, Fredmund, *Systematisches Management, Evolution, Selbstorganisation*, Bern, Stuttgart, Wien, 5. Aufl., 2009.

–, »Zu viele Sandkasten-Elemente«, in: *Personalwirtschaft – Magazin für Human Resources*, 04/2008.

–, *Gefährliche Managementwörter und warum man sie vermeiden sollte*, Frankfurt am Main, New York, 2007.

Meynhardt, Timo, »Mehr Füchse – weniger Igel«, in: *Harvard Business Manager*, Schwerpunkt Karriere. Der große Sprung – wie aus Managern Topmanager werden, 07/2012 (a).

–, »Mass und Mitte«, in: *Schweizer Monat* 1000, Dossier Gemeinwohl im Kapitalismus, 10/2012 (b).

Rüegg-Stürm, Johannes, *Das neue St. Galler Management-Modell,* Bern, Stuttgart, Wien, 2. Aufl., 2003.

Schmitt, Tom; Esser, Michael, *Statusspiele: Wie ich in jeder Situation die Oberhand behalte,* Frankfurt am Main, 7. Aufl., 2010.

Register

V

W

Z